Shopify^{ショッピファイ}で はじめるネットショップ

Shopify公認エキスパート
株式会社フルバランス代表

角間 実●著

秀和システム

はじめに

　本書は、「個人でネットショップを始められる方」「企業のEC担当者の方、これからEC担当者を任されることになるみなさん」のための本です。本書を通して、Shopifyでネットショップを立ち上げ、デザインを含めたネットショップの修正まで、できるようになります。

　近年一気にシェアが広がったShopifyについて、筆者は「商品売るならShopify」(フォレスト出版刊)で、「何が画期的で、何が優れているか？」についてまとめました。

　「流行っているけど、何が良いかわらない」にという疑問については「商品売るならShopify」で回答ができたかと思っています。

　しかし、その後、
「良いのはわかったけど、やっぱり自分で、ネットで調べながら作るのは大変」
といった声を多数いただきました。そこで、Shopifyのデザインカスタマイズまで含め、ショップの運営までを網羅した本が必要と考え、本書の執筆を決めました。

　本書は6章で構成されています。
　1章では、まずShopifyがなぜ選ばれているのか？　とShopifyのメリットについて整理をしました。
　続く、2章、3章では、実際にチュートリアル形式で、Shopifyでショップを立ち上げ、アプリを設定する方法を解説しています。
　4章では、ネットショップを管理する上で一番重要な管理画面の作業について、実際に行いたい作業を課題にして、Shopifyでそれぞれを実現する方法を解説しています。
　5章では、Shopifyの人気機能である「テーマのカスタマイズ」と、それのもととなるLiquidの編集・設定方法について解説しています。
　最後の6章ではカスタマイズのTipsをまとめています。

小さくはじめて、大きく育てよう

　Shopifyが日本にやって来たときのメッセージは、「(ネットショップを)小さくはじめて大きく育てる」でした。

　本書はまさに「小さくはじめる」と「大きく育てる」ための方法について説明しています。本書によって、国内、海外向けを問わず、Shopifyで売れ続けるネットショップを構築される方が増えるのを祈っています。

目　次

第3章

アプリをインストールして機能を追加しよう　107

第4章

Shopifyの管理画面をマスターしよう　　161

第5章

Shopifyテーマをカスタマイズしよう　　　237

第6章

ShopifyカスタマイズTips　　　　　　　315

第 1 章

Shopifyで
ネットショップを作ろう

「Shopify」という名前は聞いたことがあっても、具体的に何ができてどのような点で優れているのかまでは知らない方も多いのではないでしょうか。第1章では、そもそもShopifyって何？ というところから、Shopifyがここまでシェアを拡大できた理由について解説していきます。

1-1 Shopifyとは

最近ネット通販のサービスとして名前をよく聞く「Shopify」ですが、他のサービスと比べてどこが優れているのでしょうか。まずは、Shopifyがここまでシェアを拡大できた理由について簡単におさらいをしていきます。

🛒 多販路展開ができるネットショップ構築システム「Shopify」

Shopifyはネットショップの開発・運営のためのマルチチャネルコマースプラットフォームです（画面1）。馴染みのない言葉だと思いますので日本語で書くと「販路などとの外部連携が得意なネットショップ構築システム」と理解をすると良いでしょう。

2004年にカナダからはじまり、現在は日本も含め世界100ヵ国以上で導入されるまでに成長を遂げました。

▼画面1　Shopify

近年、国内でも「アマゾンキラー」や「世界シェアNo.1」という言葉と共に紹介され、Shopifyについて「なんだかわからないけどすごい」という印象を持っている方も多いのではないでしょうか。

Shopifyを使ったネットショップの作り方を説明する前に、まずは「なぜ、Shopifyがここまで支持されているのか」についてその理由を見ていきましょう。

ネットショップを開設するにはどんな方法があるの？

> そもそもネットショップを開設するにはどのような方法があるのでしょうか。まずは既存の開設方法と比べてみましょう。

🛒 ネットショップの開設方法

ネットショップを開設するには、大きく次の4つの方法があります（表1）。

▼表1　ネットショップの開設方法の分類

モール型	レンタルカートシステム
一つのサイトに複数のショップが集まって商品を出品する ・楽天 ・Amazon	ECサイトを構築するために必要なシステムをレンタルしてショップを構築する ・Shopify ・BASE ・STORES
パッケージ活用制作（オープンソース含む）	**自社開発**
主に無料で配布されている、既存のプログラムを活用してショップを構築する ・Magento ・EC-CUBE	社内エンジニアもしくは、システム制作会社などに発注をして、完全に0から自分のショップを構築する

Shopifyはこの表の枠組みでは「レンタルカートシステム」に分類されます。レンタルカートシステムは、「商品を購入する」というネット通販の基本機能をレンタルします。

開発の初期費用を抑えられ、またサーバーの管理の手間がいらないというメリットがあります。

構築方法別のメリットやデメリットをまとめたものが以下になります（表2）。

▼表2　開設方法別のメリット・デメリット

	パッケージ活用開発・自社開発	モール型	レンタルカート	Shopify
拡張性	自由に開発と機能拡張ができる ◎	ほぼ拡張性がない ×	ほどほどの拡張性がある △	汎用アプリと独自アプリで拡張可能 ○
集客力	自社で0から集客する必要がある ×	お金があれば集客してくれる ◎	自社で0から集客する必要がある ×	モール他外部連携で販路が作れる ○
ブランディング	自由に作れる ◎	ブランディングには向かない ×	ある程度独自サイトが構築できる ○	独自サイトが構築できる ○
コスト	制作費、運用費、サーバー保守も必要 ×	比較的安価に抑えられる ○	安価に抑えられる ◎	安価に抑えられる (*アプリ使用料金が必要) ○

　「モール型」は、Amazonや楽天など一つの大きなサイトに複数のショップが集まって商品を出品するサイトのことを言います。メリットは商品を掲載するだけでモール側の情報として掲載されるため、集客に強いことですが、お客様側から見て、「このお店で買った」というよりも「Amazonで購入した」という意識が強いため、お店やブランド自体に根強いファンが付き難いのがデメリットです。

　パッケージ活用開発・自社開発は、0から自分のショップを構築するための開発方法です。オープンソースが既存の技術を利用して開発するのに対し、フルスクラッチの場合は、完全に0から自分たちでシステムを構築することになります。0から作るので自由度が高いのがメリットですが、当然、初期開発の工数は大きくなります。

　上記の理由から、「ネットショップを持ちたい」という場合、レンタルカートシステムを使って自社のネットショップを持ち、特に初期の売上を増やすためにモールにも出店するショップが近年増えています。その中でも、**Shopifyはレンタルカートシステムのデメリットである「拡張性」や「集客」という面をカバーできていることが大きな特徴です。**

　Shopifyのどのような点が従来のレンタルカートシステムと異なるのか、次のページで見ていきましょう。

Shopifyをおすすめする理由

レンタルカートシステムといっても「BASE」や「STORES」などたくさんの選択肢があります。そんな中、なぜ Shopify がここまでシェアを広げているのかというと、レンタルカートシステムの弱点だった「デザインの自由度や機能の拡張性の無さ」を解消できている点が非常に大きいです。

Shopifyを使用する主なメリット

Shopifyのメリットとしてよく挙げられるのが次の5つです。

越境（海外向け通販）に強い

「越境EC」というキーワードでShopifyを知った方も多いのではないでしょうか。カナダ発ということもあり、Shopifyには、海外展開に必要な機能が十分に備わっています。

中でも「言語」や「通貨」への対応は、海外展開時の大きな障壁として挙げられることが多いですが、Shopifyなら必要なアプリをインストールするだけで簡単に対象の国に応じた言語や通貨を表示できます。「DHL」や「EMS」などの海外配送サービスとの連携も容易なため、海外展開を視野に入れている場合は、Shopifyの対応力が圧倒的です。

また、越境ECのイメージが強いため「Shopifyは越境EC向けのシステム」と誤解されがちですが、そうではないです。

管理画面の日本語化に加え、次に紹介するように日本語に対応したアプリも続々公開されており、「Shopifyは完全に日本語に対応したシステム」といえるでしょう。

アプリで機能を拡張できる

Shopifyのアプリストアには、2,000を超えるアプリ（＝追加機能）が用意されており、世界中の開発者が日々更新を続けています（画面1）。

▼画面1　Shopifyには2,000以上のアプリが用意されている

Shopifyのストアは、初期状態では非常にシンプルな作りになっています。

運営者がアプリを通して本当に必要な機能のみを厳選して追加することができるので、余分な機能を持て余したり、不必要な費用を支払う必要がありません。

アプリの中には英語でしか使えないものや海外向けの仕様になっているものが多く、導入のハードルが高いと言われることもありますが、日本のベンダーが開発した日本向けのアプリ（画面2）も多数公開されていますので、通常の運営で困ることはまず無いと言って良いでしょう。

▼画面2　日本向けに開発されたアプリ

高品質のネットショップを簡単に作成できる

　Shopifyでは「テーマ」と呼ばれるデザインの雛形（テンプレート）が存在します（画面
3）。特に公式ストア（https://themes.shopify.com/）で販売されているテーマは品質
が高く、それを利用するだけでも簡単に洗練されたデザインのネットショップを作成でき
ます。

▼画面3　Shopifyテーマストア

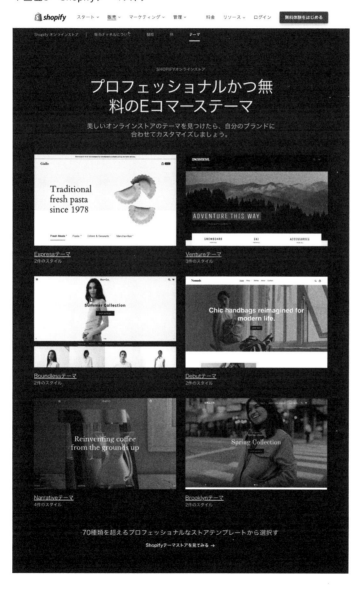

また、Shopifyのテーマは、専門的なHTMLなどの知識が無くても、簡単にデザインを変更（カスタマイズ）できます（画面4）。

▼画面4　テーマのカスタマイズ画面

　デザインやレイアウトの自由度が非常に高いので、たとえ同じテーマを使っても、雛形を使ったデザイン作成にありがちな「他のネットショップと全く同じ外観になってしまった」ということが起きにくいのが大きな特徴です。

サーバーの管理費用がかからない

　自社開発やパッケージ活用でネットショップを運営する場合、サーバーの管理費用が必要になり、またサーバー停止などのリスクが増えることが多いです。Shopifyの場合、Shopify側が持つ独自の堅牢なサーバーで管理されるため、追加費用はかからず、アクセス集中などに伴う煩わしい管理の手間も発生しません。

　サーバー強度には定評があり、世界最大規模のネットショップでも、昨日作ったネットショップでも同様の速度で高速にネットショップが表示され、同様のアクセス集中耐性があるという話がShopifyのフォーラム内でも話題にあがっています。

多チャネル展開を前提にした設計

　Shopifyが他と比べて優れているのはマルチチャネルコマース プラットフォーム（複数の外部システムと連携可能なネット通販システム）という部分です。ネットショップ運営において、チャネル＝「外部システムとの通路」とは、大きく販路、流通、コミュニケーションを指します。これらのチャネルに対して、Shopify自身が機能を持つのではなく、外部にあるシステムと連携をする前提で作られていることがShopifyが爆発的人気を持った理由の一つです。

自社でネットショップを作るならShopify一択

　アプリやテーマによって機能性が拡充され、レンタルカートシステムのデメリットを克服したShopify。加えてサーバー費用がかからないなど、コスト面から見ても非常に優秀なシステムです。

　従来の「借りてきた雛形のデザインをそのまま使う」ようなイメージだったレンタルカートシステムではなく、「**自分好みのネットショップを、最小限のコストで実現する**」そして「**必要な機能は後から追加する**」ことのできるShopifyなら、明日から自分のお店を持つことも夢ではありません。

　それでは、第2章から実際にShopifyを使ってネットショップを構築する方法を解説します。

基本のネットショップを
作ってオープンしよう

Shopifyならホームページ作成の知識がなくても
簡単にネットショップを作成できます。この章では、
Shopifyの管理者情報（アカウント）の作成方法から、
ネットショップをインターネットに公開するところまで、
実際に操作をしながらShopifyの基礎知識を一つ一つ
解説していきます。

2-1 ネットショップを作る前に準備しておくこと

ネットショップをオープンするために予め検討をしておきたい内容には次のようなものがあります。

- ・ネットショップの名前
- ・ドメイン
- ・商品の画像と説明文
- ・サイトに掲載する記事や写真データ（コンテンツ）

Shopify で実際にネットショップを作る前に、まずはそれぞれの項目についてどのような点に気をつけて準備をすれば良いのか見ていきましょう。

🛒 ネットショップの名前を決めよう

ネットショップを開設するために、まずネットショップの「名前」を決めましょう。

インターネットでは、検索エンジンや広告に名前が表示されるため、ネットショップの名前そのものが看板といっても過言ではありません。集客にも直結するため、名前は慎重に決めましょう（画面1）。

▼画面1　ネットショップの名前は看板そのもの

Google　Shopify　✕　🎤　🔍

https://ec-recipe.com › what-is-shopify-2018 ▾
今さら聞けない！Shopify(ショッピファイ)って何なの？何が ... ✅
4 日前 — Shopifyはカナダ発・世界最大のECサイト制作プラットフォームです。 「シンプルで高機能」なことを理由に世界中に広まり、今では世界175ヶ国、60万以上の ...

お客様はネットショップの名前を見てクリックするかどうか判断します

ネットショップの名前は、あらゆる場面で「お客様が最初に触れる情報」になります。検索エンジンやSNS、動画に取り上げられたときも最初に表示されます。できれば**「何を売っているのか」**が明確で、**お客様の興味を引くもの**にしましょう。

ネットショップの名前の決め方

たとえば「中村屋」という名前が既に決まっている場合も、いくつかのパターンが考えられます（表）。

▼表　名前の付け方の例

NG例	
履物の中村屋	大雑把すぎて何を取り扱っているのかがわかりづらいです。
スニーカーマニアの聖地 中村屋	嘘や誇張のしすぎは厳禁です。
靴の総合店中村屋 靴なら何でも扱っています	既存の実店舗がそうならば間違いではないですが、集客はしづらいです。
いい例	
スニーカーとサンダルの専門店 中村屋	
スニーカー好きの集まる店 中村屋	
スニーカーの中村屋 厳選スニーカーとサンダルの店	

ネットショップの名前の基本は「副題（ネットショップの説明）+主題（名前）」の形です。

お客様目線で「商品へのステップとして、どのような名前のショップに興味が湧くか」を考えてみるのが重要です。

ドメインを取得しよう

ネットショップの名前が決まったら、次はドメインを取得しましょう。ドメインは、インターネット上の住所のようなものです。たとえば、Yahoo！ JAPAN（https://yahoo.co.jp/）なら、URLの「yahoo.co.jp」の部分がドメインになります（図1）。

▼図1　ドメインとは

http://yahoo.co.jp/
　　　ドメイン

ドメインは、名刺に自分のストアの名前を紹介するときや、情報サイトに自社のストアを掲載するときなどにも利用するので、アクセスする人にとってもわかりやすい短い文字列にするのがおすすめです。

先ほどの「中村屋」の例なら「nakamuraya.com」などお店の名前やブランドを表す形に設定するとよいでしょう。

ドメインを取得する場合、ドメインレジストラと呼ばれるサービスで取得できます(表1)。

▼表1　国内の有名なドメインレジストラ

お名前.com	https://www.onamae.com/
ムームードメイン	https://muumuu-domain.com/
スタードメイン	https://www.star-domain.jp/
さくらインターネット	https://www.sakura.ad.jp/
Shopifyで購入の場合	https://www.shopify.jp/domains

ちなみに、Shopifyでは、アカウント作成時に「○○.myshopify.com」というドメインが自動的に付与されます(画面2)。

▼画面2　Shopifyの初期ドメイン

🔒 fullbalance-store.myshopify.com/admin　　　　　　　　　　　　　　　　　　　　　　　☆

もちろんこのままネットショップの公開はできますが、名前と同様にドメインもネットショップの看板のような役割を果たすものになります。できる限り独自のドメインを取得しましょう。

🛒 商品の画像と説明文を用意しよう

実際に商品を手にとって確認できないネットショップでは、お客様は「画像」と「説明文」を元に商品の購入を検討します。できるだけ自分の言葉で、商品の魅力がしっかりと伝わるような画像や説明文を用意することが重要です。

商品の画像は、**詳細が確認できるように複数のアングルの写真を、過度な加工をせずに適切な色味で掲載しましょう**。また、実際使用している場面がわかるモデル(人物)写真があるとより効果的です。

商品の説明文は、ページの見た目を意識して短くまとめてしまいがちですが、ハイブランドの商品でもない限り、商品名と2-3行の説明文では購入に繋がりません。お客様を後押しするためにも商品のアピールポイントは漏らさず掲載しておきましょう。

掲載するコンテンツを用意しよう

　商品情報以外にも、ネットショップやブランドのコンセプトを伝える「About Us」やユーザーの不安を解消する「よくあるご質問」など、購入に繋げるためのコンテンツを用意する必要があります。

　「特定商取引法に基づく表記」のようにネットショップを運営するなら**掲載が義務付けられているページ**もありますので、表2を参考に掲載するコンテンツの原稿を作成しておきましょう。

▼表2　ネットショップに必要なページの例

About Us（○○について）	ネットショップでは定番のコンテンツで、コンセプトやこだわりをユーザーに向けて発信することで、ブランドやショップのファンを増やす効果があります。どのような内容を記載するかは、他のネットショップを参考に考えてみると良いでしょう。
商品に関する情報	「About Us」だけでなく、革製品なら「お手入れ方法」、アパレルなら「着こなし方」など、ユーザーがその商品を使いたくなるようなコンテンツを用意しておくのもおすすめです。
FAQ	予め想定される質問をネットショップ上に公開しておくことで、お客様の購入前の不安を払拭できるほか、過剰な問い合わせ防止にも繋がり、カスタマーサポートの人的コストを減らせます。 特に海外通販の場合、対象国の言語に合わせた形で、配送や決済に関するQ&Aを掲載できると効果的です。
お問い合わせ	商品に不備があった場合など、お客様から販売店側への連絡手段の一つとして、お問い合わせフォームを設置しましょう。Shopifyの多くのテーマには、お問い合わせフォーム用のテンプレートが用意されているので、専門的な知識がなくても簡単にフォームを設置できます。
ご利用ガイド	注文から配送まで一連の流れを説明するページです。ネットショップでは、実際に商品を手に取れず、お互いに顔が見えない状態でのやり取りになるので、こちらが想像しているよりも、お客様は不安を抱えているものです。海外向け、国内向け問わず一つページを用意しておくことで、しっかりとした印象をお客様に与えられます。
特定商取引法に基づく表記	日本のネットショップでは特定商取引法に基づく表記の掲載が義務付けられています。記載方法はネットの記事などでも解説されていますので、事前に必要事項を把握しておきましょう。
プライバシーポリシー	お客様の個人情報の取り扱いについて記載するページです。 一部の決済の導入時に提出が求められる場合もあるので予め作成しておくことをおすすめします。 0から作成をするのが難しい場合は、以下のような法律文書を自動生成してくれるサービスもあります。 https://kiyac.app/
利用規約	利用規約もネットショップではよくみられるページの一つです。特に会員の機能を持たせる場合などは、利用規約をしっかりと記載しておくことでトラブルを未然に防げます。

2

2-2 Shopifyのアカウントを作成しよう

それでは実際に Shopify でネットショップを開設するための手順を見ていきましょう。
まずは Shopify のアカウントを作成します。Shopify でネットショップを始めるか迷っている方も、14 日間の無料トライアル期間が用意されているので安心して導入できます。

アカウントの作成方法

Shopifyの公式サイト(https://www.shopify.jp/)にアクセスします。
トップページ(画面1)にあるメールアドレス入力欄にメールアドレスを入力し、「無料体験をはじめる」をクリックしましょう。

▼画面1　Shopifyのトップページ

メールアドレスを入力すると、次の画面に遷移します（画面2）。

▼画面2　Shopifyのアカウントを作成するための情報登録

　　メールアドレスのほかに、パスワード、ストアの名前、ストアURLを入力します。**メールアドレスやパスワードは、Shopifyの管理画面にログインする際に必要になりますので、メモを取っておきましょう。**

2

Tips

ストアURLについて

　ストアURLは、Shopifyの管理画面のURLとして使用します（独自ドメインを設定する場合、ユーザー側には表示されません）。**ストアURLは後から変更できない**ので、事前によく検討をしてから登録しましょう。

Shopifyからの簡単なアンケートに答えたら、最後にネットショップの住所を設定します（画面3）。

▼画面3　ネットショップの住所設定

ステップ 2/2

ストアの住所を設定してください

この住所はデフォルトでビジネスの住所として登録されます。
これは後でいつでも変更できます。

姓

名

国/地域

日本

郵便番号

都道府県

都道府県

市区町村

住所

建物名、部屋番号など

電話番号

ビジネスまたは個人のウェブサイト (任意)

example.com

☐ このストアは登記されています

各項目を入力したらクリック

‹ 戻る

ストアに入る

「ストアに入る」をクリックすることで、Shopifyの利用規約 ☑ とプライバシーポリシー ☑ に同意したことに
なります。

これでShopifyのアカウントの作成は完了です。「ストアに入る」というボタンをクリックして、Shopifyの管理画面にログインしてみましょう。

2-3 Shopifyの管理画面を見てみよう

Shopifyのアカウントを作成したら、商品登録やページの作成をするためにShopifyの管理画面にログインしてみましょう。

🛒 管理画面のログイン方法

ブラウザからShopifyのログインページ（https://accounts.shopify.com/store-login）にアクセスします。

ログインページで登録したストアURLを入力し、「次へ」ボタンをクリックします（画面1）。

▼画面1　ストアURLを入力する

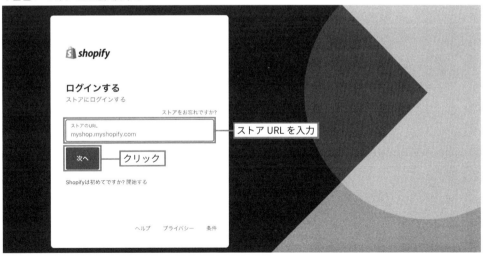

メールアドレスを入力し、「次へ」のボタンをクリックします（画面2）。

▼画面2　メールアドレスを入力する

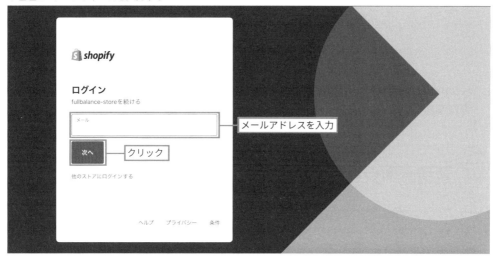

パスワードを入力し、「ログイン」ボタンをクリックします（画面3）。

▼画面3　パスワードを入力する

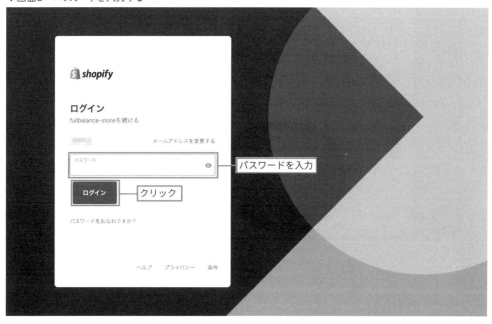

管理画面にログインすると、次のページのような画面が表示されます。

🛒 Shopifyの管理画面の構成

Shopifyの管理画面は大きく次の3つのエリアに分かれています（画面4）。

多くのネットショップ向けサービスが、ストア情報とオンラインストアの情報が紐付いている中、オンラインショップに関する設定が販売チャネルの一つとして表示されているのが大きな特徴です。

多販路を前提にしているため、オンラインショップも販路の一つと考える設計になっています。

▼画面4　Shopifyの管理画面

🛒 ヘッダーメニュー

まずは管理画面の上部（ヘッダーメニュー）を見てみましょう。ヘッダーメニューでは、ログイン情報の確認やストア内の検索ができます（画面5）。

▼画面5　ヘッダーメニュー

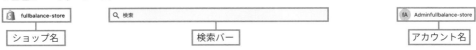

ショップ名

現在ログインしているネットショップの名前が表示されます。名前をクリックして管理画面のホーム画面に戻れるほか、複数のネットショップを所持している場合は、ここで検索して表示を切り替えられます。

検索バー

登録している商品やブログ(ネット上に掲載する日記など)や記事など、ストア内のコンテンツを検索できます。

アカウント名

右側には自分のShopifyのアカウント名が表示されます。アカウント名をクリックするとアカウントのメニューが表示され、プロフィール情報の変更や管理画面からのログアウトができます(画面6)。

▼画面6　アカウントメニュー

🛒 サイドメニュー(基本情報の管理)

管理画面の左側にあるのがShopifyの主なメニュー項目になります。

サイドメニューの上半分で商品や顧客、注文情報などストアの基本情報が管理できます(画面7)。

ここの項目について詳しくは第4章(P.161)で説明しています。

▼画面7　販売チャネル全体に関係する項目

ホーム

クリックでホーム画面に戻ります。

注文管理

注文情報の確認や編集ができます。

各注文に対する配送ステータスの確認、返金対応などをこの画面で行います。

商品管理

商品の追加や編集はこちらの画面で行います（画面8）。商品の表示/非表示、CSVのエクスポート、条件に合致した商品の絞り込みもできます。

▼画面8　商品管理画面

顧客管理

「顧客管理」では顧客情報の確認や編集ができます。検索やタグによる絞り込み、CSVファイルのエクスポートができます。

ストア分析

直近の売上や期間やチャネルごとの販売レポート、お客様の流通経路などを確認できます。

マーケティング

メルマガの配信など、マーケティングに関する項目の確認や設定ができます。

ディスカウント

クーポンコードの発行や、条件を満たした場合に自動ディスカウントを行うなど、商品の値引きに関する設定ができます(画面9)。

▼画面9　ディスカウント管理画面

アプリ管理

アプリの追加インストールや、インストールしたアプリの管理ができます。

🛒 サイドメニュー (オンラインストアや販売チャネルの管理)

サイドメニューの下半分は、オンラインストアをはじめとする各販売チャネル(FacebookやInstagram、Googleなど)の設定と送料や税金などネットショップ全体に関する設定の項目が並んでいます。

「オンラインストア」をクリックすると「テーマ」「ブログ記事」「ページ」「メニュー」「ドメイン」「各種設定」の項目が表示されます(画面10)。

▼画面10　販売チャネルの設定項目

テーマ

　Shopifyのテーマのカスタマイズはこちらで行います。ネットショップのデザインやレイアウトを変更できます（画面11）。

▼画面11　「テーマ」からオンラインストアのデザインがカスタマイズできる

ブログ記事

　Shopifyにはブログの機能が標準で備わっており、ここからブログの管理や投稿ができます。詳しくは2-6節（P.60）で説明します。

ページ

ネットショップに設置する固定ページを作成できます。固定ページは、管理画面から簡単に作成・公開できます。詳しくは2-7節(P.65)で説明します。

メニュー

「メニュー」ではメニューを登録できます。HTMLなどの専門知識がなくても、ドラッグ＆ドロップで簡単に項目の追加や削除、順番の入れ替えができます。詳しくは2-8節(P.70)で説明します。

ドメイン

ネットショップのドメインを独自ドメインに変更するときは、ここから設定します。詳しくは2-13節(P.98)で説明します。

各種設定

ネットショップのページタイトルやGoogleアナリティクスなどの設定を行います。また、ネットショップにアクセスするためのパスワード制限などもここで行います。詳しくは2-12節(P.90)で説明します。

設定

ストアの基本情報の設定項目になります(画面12)。ここではストアの住所や決済・配送方法などを設定できます。

▼画面12　決済や配送方法に関する設定は「設定」で行う

管理画面の設定項目については第4章（P.161）で詳しく説明しています。

2-4 商品を登録しよう

Shopifyに商品情報を登録してみましょう。商品情報の登録は、管理画面のサイドメニュー「商品管理」から登録できます。

商品の基本情報を入力しよう

商品情報の登録は、管理画面の「商品管理」の中にある「すべての商品」から行います（画面1）。

▼画面1　商品管理

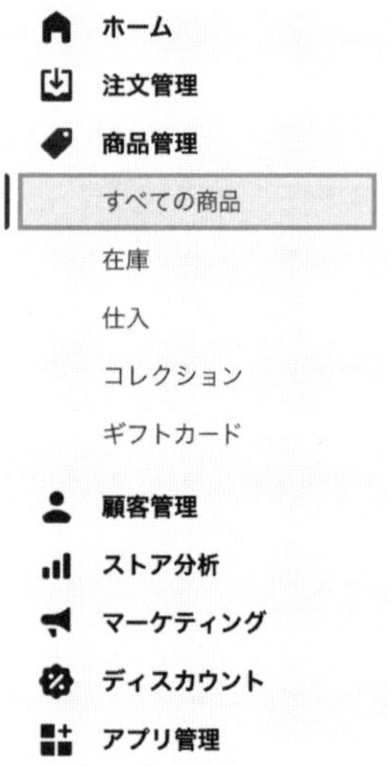

- ホーム
- 注文管理
- 商品管理
  - すべての商品
  - 在庫
  - 仕入
  - コレクション
  - ギフトカード
- 顧客管理
- ストア分析
- マーケティング
- ディスカウント
- アプリ管理

「商品を追加する」から新しい商品を登録してみましょう（画面2）。

▼画面2　商品を追加する

商品情報の登録画面に遷移します。

　まずは商品名と商品説明を入力します（画面3）。「タイトル」に商品名、「説明」に商品の説明文を入力します。

　説明文のエリアには、MicrosoftのWordやExcelと同じように、文字のサイズや装飾、リストやテーブル、画像の挿入など、説明文を作る上で必要な項目が予め用意されているので、専門的な知識がなくても説明文の見た目を整えられます。

▼画面3　商品の基本情報入力

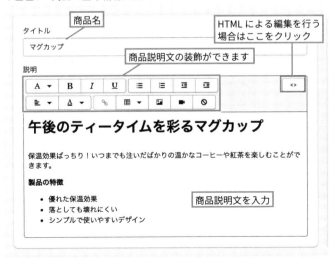

🛒 商品の画像を登録しよう

　商品の画像は「メディア」から登録します（画面4）。画像ファイルは、真ん中の「ファイルを追加する」のボタンをクリックし、ファイルを選択してアップロードします。また、画像ファイルが複数ある場合は、直接ドラッグ＆ドロップでまとめてアップロードできます。

▼画面4　商品の画像登録

　画像をアップロードすると画面5のようになります。
　登録した画像は、手動で並び替えられます。ここでの並び順がページ上の並び順にも反映されるので、順番は適宜入れ替えてください。

▼画面5　画像を追加した状態

登録した画像を編集する場合

　登録した画像をクリックすると画像が拡大して表示されます。この画面から直接画像のトリミングやリサイズ、alt属性（代替テキスト）の追加ができます（画面6）。

▼画面6　alt属性（代替テキスト）の追加

alt 属性（代替テキスト）を追加するときはここをクリックします

トリミング、描画、リサイズはこれらのボタンをクリックします

登録した画像を削除する場合

　商品画像にカーソルを当てるとチェックボックスが表示されます（画面7）。

▼画面7　画像の操作

商品にカーソルを当てるとチェックボックスが表示されます

削除したい画像にチェックを入れて「メディアを削除する」をクリックして、登録した画像を削除できます（画面8）。

▼画面8　画像の削除

商品の価格を設定しよう

商品の価格に関する設定は「価格設定」の欄で行います（画面9）。

▼画面9　商品の価格設定

❶価格

商品の価格を入力します。

❷割引前価格

商品にセール価格を設定する場合、この欄に割引前の価格（定価）を入力し、「①価格」にネットショップに表示する割引後の価格を入力します。

入力例：価格に¥1,980、割引前価格に¥2,480と入力した場合、定価¥2,480の商品が¥500　OFFで¥1,980の商品としてショップに表示されます。

❸商品1点あたりの費用

商品の利益率を計算する場合、商品1点あたりの仕入れ値を入力します。ネットショップをオープンするだけであれば未入力でも問題ない項目です。

❹商品価格に税を適用する

「①価格」に入力した金額に対して税を適用します。総額表示の設定をしている場合、ここにチェックを入れておくことでチェックアウト時に内税の価格を表示できます。

🛒 商品の在庫数を設定しよう

「在庫」では、商品の在庫に関する設定を行います（画面10）。

▼画面10　商品の在庫数設定

43

❶SKU

商品のSKU(Stock Keeping Unit ＝ 在庫管理を行うときの最小の管理単位)を入力します。

❷バーコード

ISBNなど、別途商品固有の識別番号を入力します。

❸在庫を追跡する

Shopify上で在庫の管理を行うかどうかのチェックです。通常はチェックを入れる項目ですが、デジタル商品など無制限に在庫がある商品の場合はチェックを外してください。

❹在庫切れの場合でも販売を続ける

チェックを入れると、在庫が0になった場合でも販売を続けられます。
在庫の補充がすぐできるなど、在庫は計算するけれど、在庫切れでも販売したい場合にこのチェックを付けてください。

❺在庫数

商品の在庫数を入力します。

配送に関する情報を入力しよう

「配送」では、商品の配送に関する設定を行います(画面11)。

▼画面11　商品の配送設定

❶配送が必要な商品です

ダウンロード販売など、商品の配送が不要な場合はチェックを外します。

❷重量

チェックアウト時の送料計算に使用する商品の重量を入力します。

❸関税情報

海外配送で関税情報の入力が必要な場合はこちらに入力します。

商品の分類を設定しよう

「分類」には、商品のグループ分けに関する項目が並んでいます（画面12）。ここで設定をした項目は、ショップ上での絞り込みの設定などに使用する場合があります。

▼画面12　商品の分類設定

❶商品タイプ

Tシャツ、食品など、主に商品の分類を設定する際に使用します。

❷販売元

ブランド名など、主に商品の販売元を分類する際に使用します。

❸コレクション

Shopify独自の概念で「カテゴリ」に近いものですが、より自由度が高い商品のグループになっています。通常は商品の一覧ページと紐付けるために登録します。詳しくは次の2-5節(P.53)で説明しています。

❹タグ

商品をタグ付けします。主に絞り込みの機能で利用します。

商品をプレビューしよう

　以上で基本的な商品情報の登録は完了です。忘れないうちに「保存」ボタンで入力した内容を保存しておきましょう(画面13)。

▼画面13　登録した内容を保存する

　保存が完了したら、登録した内容がきちんとショップに反映されているか確認してみましょう。

　商品のプレビューは、右上の「プレビュー」ボタンから行います(画面14)。

▼画面14　商品をプレビューする

商品のタイトルや価格、説明文など、管理画面で入力した内容が反映されていることが確認できます（画面15）。

▼画面15　反映後の画面

🛒 商品を公開しよう

「商品のステータス」を「アクティブ」にしてから保存すると、商品をネットショップに公開できます（画面16）。公開したくない場合はステータスを「下書き」にしておきましょう。

▼画面16　商品のステータスを変更する

これで基本的な商品情報の登録は完了です。

🛒 応用編①：商品のバリエーションを登録しよう

洋服のサイズ、カラーなど一つの商品に対し複数のオプションがある場合、Shopifyでは「バリエーション」という機能を使って登録します。

商品のバリエーションを登録する場合、まず「この商品には異なるサイズや色など複数のオプションがあります。」にチェックを入れます（画面17）。

▼画面17　商品のバリエーション

チェックを入れることで、バリエーションの登録に関する画面が表示されます（画面18）。試しに商品にサイズのバリエーションを設定してみます。

▼画面18　バリエーションの登録方法

左側の入力欄にバリエーション名（サイズなど）、右側の入力欄に具体的なオプションの値（S、M、Lなど）を入力します。右側のオプションの値はカンマ（,）区切り、もしくは[Enter]キーを押すことで値が保存されます。

入力したオプションの内容が下のプレビューに表示されます（画面19）。サイズによって価格を変えるなど、バリエーションごとに異なる値を設定できます。

▼画面19　バリエーションを入力したあとの画面

価格や数量など必要な情報を入力したら「保存」をクリックして内容を保存しましょう。

商品をプレビューしてみると、商品ページにオプションの項目が追加されているはずです（画面20）。

▼画面20　登録後のイメージ

応用編②：商品ページのSEOに関する設定をしよう

商品ページの属性情報（タイトル、メタディスクリプションなど）を、商品ごとに設定できます。

商品の編集画面、一番下に表示されている「検索結果のプレビュー」項目の「ウェブサイトのSEOを編集する」というリンクをクリックします（画面21）。

▼画面21　ウェブサイトのSEOを編集する

「ページタイトル」、「説明」、「URLとハンドル」の入力欄が表示されるので、それぞれ設定をしていきます（画面22）。

①ページタイトル

　商品ページのタイトルを入力します。通常は商品名をそのまま入力します。

②説明

　Googleなどで検索をした際に、見出しの下に表示される文章を入力します。ここに入力したキーワードが検索結果に影響することもあるので、不自然にならない範囲で、想定している検索キーワードを織り交ぜられると良いでしょう。

　なお、ここに入力した内容はあくまで検索結果に表示するためのもので、実際の商品詳細ページには反映されません。

③URLとハンドル

　「ハンドル」は商品詳細ページのURLの末尾の値に関する設定ですが、設定せずに商品情報を保存すると、商品名がそのまま入力されます。

　英語の商品名であれば問題ないですが、商品名が日本語の場合、そのままだと実際の表示では、非常に長い文字列で表示されてしまいます（画面23）。

🌐 https://fullbalance-store.myshopify.com/products`%E3%83%9E%E3%82%B0%E3%82%AB%E3%83%83%E3%83%97`

　SNSやブログでシェアされた際にも見やすいURLの状態を保つために、商品名に関連した英数字に変更するなど調整をしておくのが望ましいです。

2-5 コレクションを作成しよう

コレクションは商品のグループを作成するための機能です。「カテゴリ」に近い概念ですが、「Tシャツ」や「アウター」などの商品の分類だけでなく、「1,500円以下の商品」や「特定のタグがついた商品」といった細かい条件を指定することもできる自由度の高い機能になっています。

Shopifyでネットショップを作成するには、コレクションの理解が不可欠です。百聞は一見に如かず、まずは実際にコレクションを作成してみましょう。

🛒 コレクションの作成方法

コレクションを作成するには、「商品管理」から「コレクション」をクリックします（画面1）。

▼画面1　コレクション

「コレクションを作成する」をクリックするとコレクションの新規作成画面が表示されます（画面2）。

▼画面2　コレクションの作成画面

商品情報と同じく、まずは「タイトル」にコレクションのタイトル、「説明」にコレクションの説明文を入力します（画面3）。

▼画面3　コレクションの情報入力

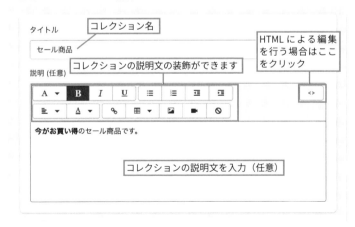

54

コレクションの説明に入力した内容は、コレクション（商品一覧）ページで表示できます（画面4）。商品説明同様に、文字の装飾や画像の挿入、HTMLでの編集ができます。

▼画面4　コレクションページにコレクションの説明文が表示される

　コレクションには、文章だけでなく画像も登録できます（画面5）。

▼画面5　コレクションの画像を追加

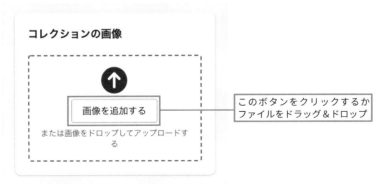

　コレクションの画像として登録した画像は、コレクション（カテゴリ）一覧ページのサムネイル画像などに使用されます（画面6）。

▼画面6　設定した画像がサムネイルに反映される

自動コレクション

コレクションと商品を紐付ける方法には「自動」と「手動」があります。

自動コレクションは、特定の条件を満たした商品を自動的にコレクションと紐付ける方法です。商品数が多い場合は、自動的に商品がコレクションに追加されるように設定をしておくことで、商品管理の手間を減らせます。

自動コレクションを作成する場合は、「自動コレクション」にチェックを入れます（画面7）。

▼画面7　自動コレクションを選択

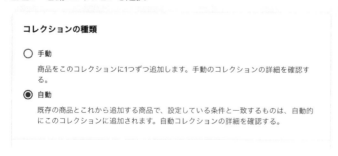

次にコレクションに商品を追加する条件を設定します。

今回は「セール商品」というコレクションを作成してみましょう。

以下のように入力すれば「sale」というタグのついた商品が自動的に追加されるコレクションを作成できます（画面8）。

▼画面8　自動コレクションの入力例

条件に合った商品が自動的にコレクションに追加される

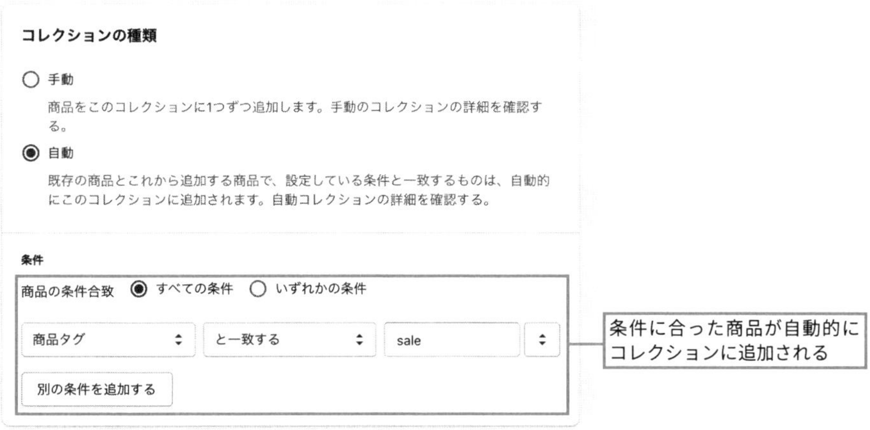

また、商品タグだけでなく、価格による絞り込みもできます。1,500円以下の商品のみ表示するコレクションを作成したい場合、条件を「商品価格」「よりも少ない」「1501」と設定します（画面9）。

▼画面9　自動コレクションの入力例

価格による絞り込みもできます

複数の条件を指定することもできます（画面10）。

▼画面10　自動コレクションの条件設定

複数の条件を設定する場合は、「すべての条件」に合致した場合に商品を追加する、もしくは、「いずれかの条件」のうちの一つに当てはまる際にコレクションに商品を追加する、といった二通りの条件指定ができます。

🛒 手動コレクション

手動コレクションは、特定の条件ではなく、一商品ごとに手動で商品を追加したい時に利用します。登録される商品が少数で、一件ずつ確実に登録したい場合は手動コレクションを利用すると良いでしょう。

手動コレクションを作成する場合は、「手動コレクション」にチェックを入れます（画面11）。

▼画面11　手動コレクションを選択

チェックを入れた状態で一度保存すると「商品」項目が表示されるようになるので、商品を検索するか、「閲覧する」をクリックして商品を選択します（画面12）。

▼画面12　手動コレクションの商品選択画面

手動コレクションから商品を削除

　手動コレクションから商品を削除する場合は、コレクション編集画面でコレクションから削除する商品の横にある×印をクリックします（画面13）。この操作を行ってもコレクションから削除されるだけで、Shopifyから商品が削除されるわけではありません。

▼画面13　コレクション画面から商品を削除

2-6 ブログ記事を作成しよう

商品情報の登録が終わったら、次は商品の入荷情報やイベント情報をお客様に知らせるブログ記事を作成してみましょう。

ブログ記事を更新することは SEO 対策にも効果的です。定期的にコンテンツを発信することで、ネットショップやブランドのファン（= 固定客）の獲得にも繋がります。

ブログ記事の作成方法

ブログ記事は、管理画面の「オンラインストア」の「ブログ記事」から作成します（画面1）。

▼画面1　ブログ記事は「ブログ」から作成する

「ブログ記事を作成する」ボタンをクリックすると、ブログ記事の作成画面が表示されます（画面2）。

▼画面2　ブログ記事作成画面

まずはブログ記事のタイトルと内容を入力します（画面3）。「タイトル」にブログ記事の
タイトル、「コンテンツ」にブログ記事の内容を入力してください。

▼画面3　ブログ記事の内容入力画面

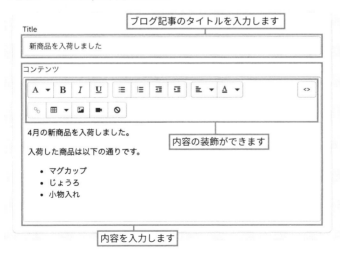

太字やテーブル、リストなども作成できます。また、凝ったデザインで作成をしたい場合、直接HTMLでの編集もできます（画面4）。

HTMLで編集する場合は、右上の「<>」ボタンをクリックします。

▼画面4　HTMLによる編集画面

ブログ記事を書いたら「分類」の「ブログ」でカテゴリーを選択します（画面5）。デフォルトでは「ニュース」のカテゴリーになっています。

▼画面5　ブログのカテゴリーを選択

「新しいブログを作成する」をクリックすると、新たにブログ記事のカテゴリーを作成できます（画面6）。

▼画面6　新しいブログを作成する

「ブログタイトル」にカテゴリー名を入力したら、「保存」ボタンをクリックして保存しましょう（画面7）。

▼画面7　内容を変更したら「保存」を忘れずに

　ブログ記事をすぐ公開する場合は「公開」にチェックを入れます。また、「公開日を設定する」から公開日の予約もできます（画面8）。

▼画面8　ブログ記事の公開 / 非公開設定

　Shopifyに商品に関連した以外のページを追加する場合、ブログとして作成する方法と固定ページとして作成する方法があります。日記の意味のブログだけでなく、例えばLOOKBOOKと呼ばれるシーズンカタログなど連続する記事については、ブログ機能を、1ページから数ページ程度までで完結するものは固定ページの機能を使うと良いでしょう。次に固定ページの作成方法を紹介します。

2-7 固定ページを作成しよう

次はネットショップに掲載する固定ページを作成しましょう。固定ページとは、「特定商取引法に基づく表記」や「プライバシーポリシー」、「FAQ」や「お問合せ」などの内容が固定されているページのことを言います。

固定ページの作成方法

固定ページは、管理画面の「オンラインストア」の「ページ」から作成します（画面1）。

▼画面1　固定ページは「ページ」から作成する

「ページを追加」をクリックすると、固定ページの作成画面が表示されます（画面2）。

▼画面2　固定ページ作成画面

　今回は「プライバシーポリシー」のページを作成してみます。

　まずは固定ページのタイトルと内容を入力します（画面3）。「タイトル」に固定ページの
タイトル、「コンテンツ」に固定ページの内容を入力してください。

▼画面3　固定ページの内容入力画面

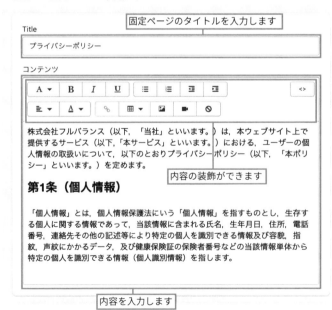

太字やテーブル、リストなども作成できます。また、凝ったデザインで作成をしたい場合、直接HTMLでの編集もできます（画面4）。

HTMLで編集する場合は、右上の「＜＞」ボタンをクリックします。

▼画面4　HTMLによる編集画面

商品ページと違って価格やカテゴリなどの設定がないので、基本的にはタイトルと本文を入力して保存すれば、固定ページの作成は完了です（画面5）。

▼画面5　内容を変更したら「保存」を忘れずに

ちなみに、まだ固定ページを公開せず、下書き状態で保存しておきたい場合には、「非公開」にチェックを入れておくことで下書き保存できます（画面6）。

▼画面6　固定ページの公開 / 非公開設定

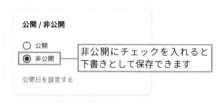

　保存したページの内容は、右上の「その他の操作」から「ページをプレビューする」から実際の画面で確認できます（画面7）。

▼画面7　固定ページのプレビューをする

固定ページのテンプレートを変更する

　フォーム機能を持ったお問合せページを作成したい場合、もともと用意されているテンプレートを変更することで、フォーム機能を持ったページを簡単に作成できます（画面8）。

▼画面8　固定ページのテンプレート

初期状態では、通常のテンプレート「page」の他に「page.contact」というテンプレートが用意されていますので試しに選択してみましょう(画面9)。

▼画面9　固定ページのテンプレート選択画面

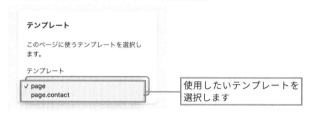

本文欄に何も入力をしなくても、プレビューで確認してみると以下のように表示されます(画面10)。

▼画面10　お問合せページ

使用できるテンプレートは後述するテーマ(P.74)を編集することで追加もできます。作成するページにあったテンプレートを選びましょう。

2-8 メニューを登録しよう

メニュー機能では、商品、コレクション、固定ページなど、ストアに表示するためのデータをひとまとめにして管理できます。階層(ツリー)構造を持っているので、ネットショップのヘッダーやフッターのメニューをこの機能で管理します。

🛒 メニューの登録方法

メニューの項目の登録は、「オンラインストア」の「メニュー」から行います(画面1)。

▼画面1　メニュー

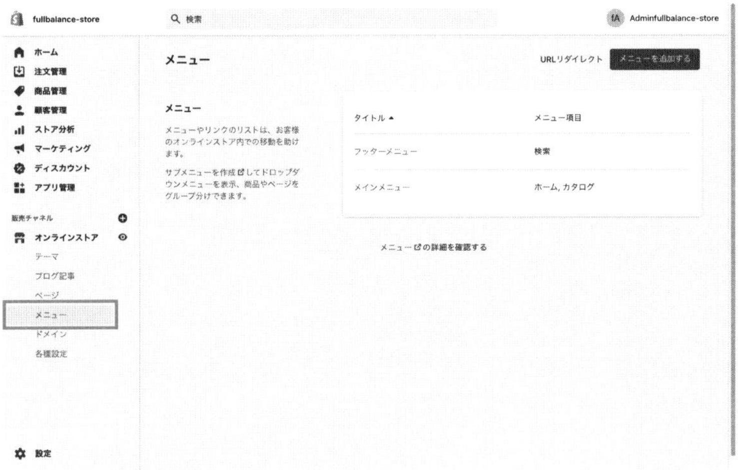

初期状態だとメインメニュー(Main menu)とフッターメニュー(Footer menu)の2つが登録されています。メインメニューは、ネットショップの上部に表示するグローバルナビゲーションなどに使用します(画面2)。

▼画面2　メインメニュー

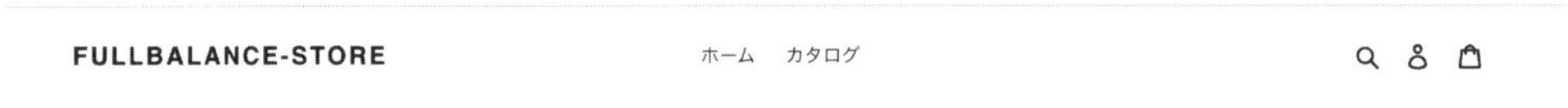

もともと「ホーム（Home）」と「カタログ（Catalog）」の2つの項目が登録されていますが、試しにメインメニューの項目を変更してみましょう。

　「メインメニュー」をクリックするとメインメニューの項目編集画面が表示されます。

　メニューに項目を追加する場合は、「メニュー項目を追加」をクリックします（画面3）。

▼画面3　メニュー項目を追加する

　メニュー項目の追加画面が開きます（画面4）。

　「名」には項目の名前を入力します。**これはお客様に表示される名前となるので、リンク先のページの内容がわかりやすい名前を付けましょう。**

▼画面4　メニュー項目の設定画面

メニュー項目を追加　　　　　　　　　　　　　　　　　　　　×

名

例: 私たちについて

リンク

検索またはリンクを貼り付ける

キャンセル　　追加

「リンク」にはお客様がその項目をクリックした際のリンク先のURLを入力します。既にページを作成している場合は、検索からも探せます。この入力欄をクリックすると、商品や作成したページの一覧が表示されるので、メニューに追加したいものを選択してください（画面5）。

▼画面5　リンク先を検索する

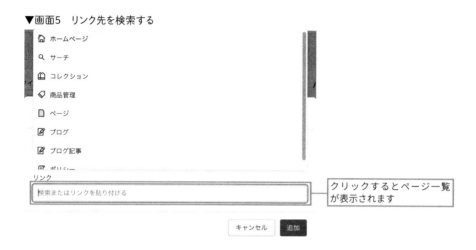

たとえば、特定のコレクションへのリンクを設定したい場合には「コレクション」をクリックします。各コレクションへのリンク一覧が表示されるので、設定したいページを選択します（画面6）。

▼画面6　各コレクションへのリンクの検索画面

メニューに階層を作りたい場合、作成した項目をドラッグ＆ドロップで移動し、別の項目の下に右にずらして配置すれば2階層目、3階層目を作成できます（画面7）。

▼画面7　階層のあるメニューを作成する

たとえば1階層目を「カタログ」、2階層目を「雑貨」や「ファッション」など、カテゴリを表示するように設定すれば、商品やカテゴリの数が多い場合にもお客様が商品を探しやすくなります(画面8)。

▼画面8　階層のあるメニューのイメージ

「メニューを保存」をクリックすると、作成したメニューが保存され、ネットショップに反映されます。

2-9 ネットショップのデザインをカスタマイズしよう

商品データなどの基本情報が登録ができたら、ネットショップのデザインをカスタマイズしてみましょう。ページ上に表示する内容や全体の色味の調整は「テーマ」と呼ばれるものを編集して行います。

テーマについては第 5 章「Shopify テーマをカスタマイズしてみよう」で解説していますのでそちらを参照してください。ここでは管理画面から簡単な設定を変更してみます。

🛒 トップページに表示する内容を変更しよう

デフォルトで登録されている「Debut」という名前のテーマを例に実際にネットショップのデザインをカスタマイズ（変更）してみます。

テーマをカスタマイズするには、「オンラインストア」の「テーマ」を選択します。

カスタマイズしたいテーマの「アクション」から「カスタマイズ」をクリックして、テーマのカスタマイズ画面に遷移してください（画面1）。

▼画面1　テーマを編集する

ここでは画像やテキスト、スライドショーを挿入したり、おすすめ商品を並べたりできます（画面2）。使用できる項目は選択したテーマによって異なります。

▼画面2　テーマのカスタマイズ画面

　各項目の並び替えもドラッグ＆ドロップで簡単にできます。

　試しに「おすすめ商品」という項目を追加してみます。

　新しい項目を追加するには、「セクションを追加する」をクリックします。テーマに用意されているセクションが一覧で表示されるので、今回は特定のコレクションの商品を表示する「特集コレクション」を選択します（画面3）。

▼画面3　セクションを追加する

設定項目が表示されるので、見出しや表示するコレクション（今回は予め「おすすめ商品」というコレクションを作成しておきます）、表示数などを設定します（画面4）。

▼画面4　セクションの設定

　セクションの設定が完了したら「保存」をクリックで、設定した内容を保存します。
　これで「おすすめ商品」の商品の一覧がトップページに表示されるようになりました（画面5）。

▼画面5　おすすめ商品が表示されるようになった

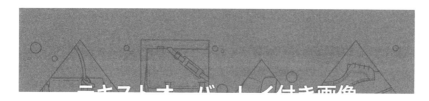

　トップページには、商品の一覧に限らず、スライドショーや店舗の地図表示、動画など、様々なセクションを追加できます。

🛒 トップページ以外の設定を変更してみよう

カスタマイズ画面では、上部のドロップダウンメニューから設定するページを変更できます（画面6）。

▼画面6　トップページ以外の設定を変更する

テーマによって設定できる項目は異なりますが、たとえば商品詳細ページにSNSのシェアボタンを表示させたり、表示される画像のサイズを変更したりするなど、細かい設定ができます（画面7）。

▼画面7　Debutでは商品詳細ページに表示する項目を変更できる

次の画面で表示する要素や画像のサイズを設定できます（画面8）。

全体のフォントや色を変更しよう

　ネットショップ全体の色味や使用するフォントもテーマのカスタマイズの画面から変更できます。

　テーマ全体の設定は「テーマ設定」から行います（画面9）。

▼画面9　テーマ設定

たとえば、テーマの「色」を変更する場合、「テキスト」や「ボタン」など、要素ごとに細かく設定できるので、HTMLやCSSの知識がなくても、ショップを好みのデザインに簡単に変更できます（画面10）。

▼画面10　色の設定

　テーマ設定では、色だけでなくフォントやSNSアカウントに関する設定もできます。
　フォントは予め複数のフォントが用意されており、気に入ったものを選ぶことでショップ全体に反映できます。また、SNSアカウントは、アカウント情報を入力すれば、ショップに表示しているSNSのアイコンなどに自動的に反映されます。
　Shopifyでは、専門的な知識がなくてもショップのデザインを変更できる仕組みが整っているので、初心者でも簡単にはじめられます。より詳細なカスタマイズをしたい場合は、第5章で詳しく解説をしていますのでそちらを参考にしてください。

2-10 決済方法を設定しよう

表示に関する設定が終わったら公開も目前です。次は決済や配送など裏側の設定を進めていきます。

🛒 Shopifyペイメント（クレジットカード決済）を設定しよう

Shopifyペイメントは、Shopifyで標準的に利用できるクレジットカード決済のサービスです。管理画面から必要事項を入力するだけで簡単に導入できます。

通常、決済サービスを導入するには、複雑な手続きが必要で、審査に時間がかかることもあります。しかし、**Shopifyペイメントならば登録すれば即日クレジット決済で商品を販売できるようになります(後日写真付き身分証明書などを提出する必要があります)**。更に、**Shopifyペイメントは初期費用もかかりません。**

VISAやMasterカード、American Expressといった主要ブランドはもちろん、2020年10月からJCBにも対応を開始しました。Shopifyでクレジットカード決済を導入するのであれば、Shopifyペイメントは必須と言えるでしょう。

Shopifyペイメントの決済手数料はプランや利用するカードによって異なります（表1）。

▼表1　Shopifyペイメントの決済手数料

	ベーシック	スタンダード	プレミアム
日本	3.4% ＋ 0円	3.3% ＋ 0円	3.25% ＋ 0円
海外/AMEX	3.9% ＋ 0円	3.85% ＋ 0円	3.8% ＋ 0円
JCB	4.15% ＋ 0円	4.1% ＋ 0円	4.05% ＋ 0円
他の決済サービスを使用する場合	2.00%	1.00%	0.50%

詳しくはこちらの公式サイトに掲載されています。

https://www.shopify.jp/payments

Shopifyペイメントの設定方法

それでは実際にShopifyペイメントを設定してみましょう。

決済方法の設定は、管理画面左下の「設定」から行います（画面1）。「決済」をクリックして各決済方法の設定画面が表示されます。

▼画面1　設定画面（決済）

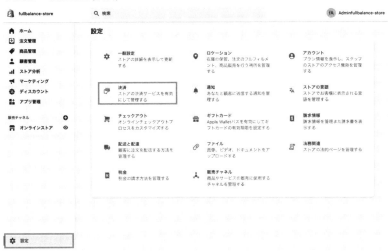

今回はShopifyペイメントの設定を行います。「Shopifyペイメントを有効にする」ボタンをクリックしましょう（画面2）。

▼画面2　Shopifyペイメントの設定画面

2

会社情報や個人情報、銀行口座情報などの入力が求められるので、すべての項目を記入します（画面3）。

▼画面3　Shopifyペイメントを設定するための情報を入力する

入力が完了したら「Complete account setup」をクリックで、Shopifyペイメントの設定は完了です。

Shopifyペイメントのテストモードを有効にする

Shopifyペイメントを利用する場合、ネットショップを公開する前にテストモードを有効にして決済のテストができます。テストモードを有効にするには、決済方法の設定画面で、Shopifyペイメントの「管理する」をクリックします（画面4）。

▼画面4　Shopifyペイメントの「管理する」をクリック

ページの最下部にある「テストモードを使用する」にチェックを入れると、ショップの決済がテストモードに切り替わります（画面5）。

▼画面5　テストモードの設定

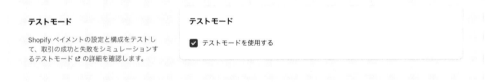

テストモードを有効化したら、商品を購入してチェックアウト画面で決済のシミュレーションをします。

入力するクレジットカード情報によって、それぞれ決済が成功したとき、もしくは決済が失敗したときのエラーメッセージを確認できます（画面6）。

▼画面6　決済が成功したときのテスト

　入力する情報は次のURLのShopifyヘルプセンターに詳しく掲載されているので、参考にしてください。

　https://help.shopify.com/ja/manual/payments/shopify-payments/testing-shopify-payments

🛒 国内のShopifyストアが利用できるその他の決済方法

　ネットショップを作るなら、お客様が利用できる決済方法の選定も重要です。
　クレジットカードはもちろん、コンビニ決済やあと払い、海外向けならPayPalなど、想定しているターゲットに合わせた決済方法を追加しておきましょう。
　Shopifyペイメント以外で利用できる主な決済方法は表2に示したものになります。

▼表2　Shopifyで利用できるその他の決済方法

Apple Pay	Shopifyペイメントを有効化すると利用できるようになります。Appleを利用しているお客様をターゲットとする場合に効果的です。 https://www.apple.com/jp/apple-pay/
Google Pay	Shopifyペイメントを有効化すると利用できるようになります。Googleを利用しているお客様をターゲットとする場合に効果的です。 https://pay.google.com/intl/ja_jp/about/
Shop Pay	Shopifyペイメントを有効化すると利用できるようになります。 お客様がShop Payを有効にしているショップで買い物すると、他のショップで入力されたお客様の住所やクレジットカード情報がShopifyのネットショップでも自動的に入力できるようになります。 https://arrive-website.shopifycloud.com/help/shop-pay?locale=ja
PayPal	海外のお客様をターゲットにする場合には、PayPalを導入すれば安心して決済手続きできます。 PayPalを利用できるようにするためにはPayPalのアカウントを作成する必要があります。 https://www.paypal.com/jp/home
Amazon Pay	お客様が日本のAmazonのアカウントを持っている場合、Amazonに登録された住所や決済情報を利用できます。 Shopify以外でネットショップを作ってAmazon Payが利用できるようにしようとすると、月額費用や初期費用がかかることがありますが、Shopifyなら無料で導入できます。 https://pay.amazon.co.jp/
KOMOJU	クレジットカードを持っていないお客様などをターゲットにコンビニ支払いを導入することができます。また、コンビニ支払いに限らず様々な決済方法にも対応しています。 https://komoju.com/ja
携帯キャリア決済	NTT docomo、au、SoftBankの携帯電話料金と共にネットショップで購入した商品の支払いを請求できるようにします。クレジットカードを持っていないお客様もターゲットにできます。 https://dashboard.docomodigital.com/jp/portal/home
GMOイプシロン	クレジットカード決済だけでなく、コンビニ支払い、キャリア決済、あと払いなど、様々な支払い方法に対応した決済サービスです。 https://www.epsilon.jp/agency/shopify/
あと払い（ペイディ）	クレジットカード不要の「あと払い」決済サービスです。初期費用・月額費用が無料（要決済手数料）のため、導入のハードルが低いこともメリットです。 https://paidy.com/merchant/
SBペイメントサービス	Shopifyでは唯一、楽天ペイと連携可能な決済サービスです。また、キャリア決済やコンビニ決済など、様々な決済方法もSBペイメントを使って導入できます。 https://www.sbpayment.jp/
その他の決済方法	その他、日本のShopifyストアで使用できる決済方法の最新情報は以下のページに記載があります。 https://www.shopify.jp/payment-gateways/japan

2

2-11 配送方法を設定しよう

決済の設定が完了したら、次は商品の配送に関する設定を行います。

配送方法の設定方法

送料の設定は管理画面左下の「設定」の中にある「配送と配達」から行います(画面1)。

▼画面1　設定画面(配送と配達)

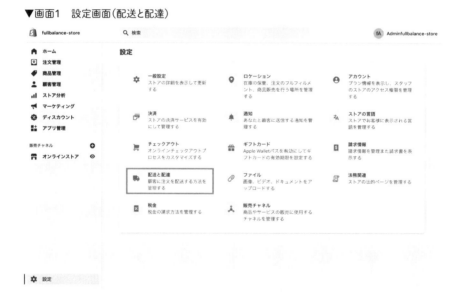

「配送」で「送料を管理する」をクリックしてください(画面2)。

▼画面2 「送料を管理する」をクリック

送料設定画面は画面3のようになっています。

▼画面3 送料設定画面

送料は配送する国や地域、商品の重量や価格によって変更できます。

実際に国内のお客様がネットショップで10,000円以上の買物をしたときに、送料無料にする場合を想定して設定してみましょう。

発送先の下部にある「送料を追加する」をクリックします（画面4）。

▼画面4　送料を追加する

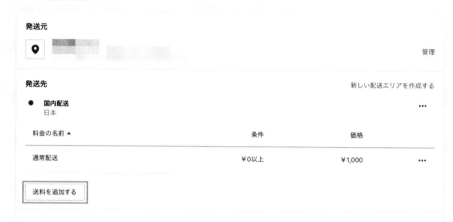

「料金の名前」にはチェックアウト時にお客様に表示される送料の名前を入力してください（画面5）。

▼画面5　送料の名前を入力

「条件を追加」をクリックすると、その送料が適用される条件を指定できます。アイテムの重量に基づくか、注文額に基づくか選択できるので、ここでは「注文額に基づく」にチェックを入れましょう。10,000円以上で送料無料になるので、最低価格に「10,000」と入力します（画面6）。

▼画面6　注文額に基づいて送料を変更する

送料を追加する　　　　　　　　　　　　　　　　　　×

⦿ 独自料金を設定する
◯ 配送業者やアプリを使って料金を計算する

料金の名前　　　　　　　　　　価格
送料無料　　　　　　　　⇕　　¥　0　　　　　　　無料
お客様のチェックアウト時に表示されます

条件を削除
◯ アイテムの重量に基づく
⦿ 注文額に基づく
最低価格　　　　　　　　　　　最高価格
¥　10,000　　　　　　　　　　　¥　制限なし

10,000円以上の購入で
送料無料になる設定

キャンセル　　完了

　他の送料の条件を追加したい場合も同じように操作を繰り返します。上記の例で、「10,000円以下」と「10,000円以上」で分けたい場合は、「0円以上9,999円以下」の条件をもう一つ作成すれば問題ないです。
　発送先ごとに送料を変えたい場合は、発送先名の横にある「・・・」をクリックして「ゾーンを編集する」から既存の発送先を編集したり、「新しい配送エリアを作成する」で他の発送先を追加したりして、発送先に応じた送料を設定することができます（画面7）。

▼画面7　発送先ごとの送料の変更もできる

発送元
◉　　　　　　　　　　　　　　　　　　　　　　　　管理

発送先　　　　　　　　　　　　　　　　　新しい配送エリアを作成する
●　国内配送　　　　　　　　　　　　　　　　　　　　・・・
　　日本

料金の名前 ▲　　　　　　　　条件　　　　　　価格
通常配送　　　　　　　　　　¥0以上　　　　　¥1,000　　　・・・

送料を追加する

その他の設定項目を
チェックしよう

最後に決済と配送以外で公開前に確認をしておきたい設定項目をチェックします。管理画面で「設定」の画面を開いて一つずつ確認していきましょう。

🛒 一般設定

「一般設定」では、ストア名や顧客とのやり取りに使用するメールアドレスなど、ストアの基本的な情報を入力します（画面1）。公開前に一通り内容を確認しておきましょう。

▼画面1　一般設定

ここで特に確認をしておきたいのは「送信元のメールアドレス」です。

　お客様に注文の確認メールなどを送信したときに、お客様側に表示されるメールアドレスの設定になるので、なるべく個人のメールアドレスではなく、ショップに関連したアドレスを取得して入力しておきましょう。

チェックアウトに関する設定

　お客様がチェックアウト（購入を完了）する際の設定を「チェックアウト」で行います。確認をしておきたい項目としては以下になります。

顧客アカウント

　アカウント作成を、注文時に「必須」とするか「任意（ゲストでも購入可）」とするか、またアカウントの機能自体を無効にするか選択できます（画面2）。

　お客様が繰り返しネットショップを利用する際、次回以降のチェックアウト時に住所などの入力の手間を減らせたり、運営側も顧客のリストを作成したり、アカウント作成のメリットはお客様と運営側の双方にあります。しかし、アカウントを「必須」にしてしまうと、面倒に感じたお客様が購入前に離脱（カゴ落ち）してしまう可能性もあります。ショップの運営方針や施策によって適宜設定しましょう。

▼画面2　顧客アカウントの設定

顧客アカウント

チェックアウト時にお客様にアカウントを作成するように指示するかどうかを選択します。

○ アカウントを無効化する
　お客様はゲストとしてのみチェックアウトが可能です。

○ アカウントを任意にする
　お客様はゲストとして、またはお客様アカウントを使用してチェックアウトが可能です。

● アカウントを必要とする
　お客様はお客様アカウントを持っていないとチェックアウトができません。

お客様の連絡先

　デフォルトでは「お客様はチェックアウト時に、電話番号かメールアドレスのいずれかを使用できます。」が選択されていますが、基本的なやり取りはメールアドレスを利用する場合が多いでしょう。電話番号が必要な理由が無いのであれば、「お客様がチェックアウト時に使用できるのは、メールアドレスのみです。」を選択しておきましょう（画面3）。

▼画面3　メールアドレスのみ使用可能にする

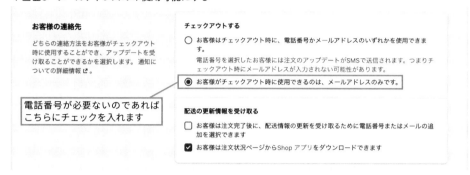

フォームのオプション

　チェックアウトの際にお客様に入力してもらう情報を「フォームのオプション」で設定します（画面4）。

▼画面4　フォームのオプションの設定

　氏名（姓のみを必要とするか、姓名両方を必要とするか）や電話番号の入力を任意にするか、必須にするか選択できます。

注文処理

　チェックアウト画面で住所の自動入力を有効にしたい場合は、「住所自動入力を有効化する」にチェックを入れておきましょう（画面5）。

▼画面5　自動入力を有効にしておく

Eメールマーケティング

　チェックアウト時にメールマガジン登録用のチェックボックスを表示させる場合は、「チェックアウト時に登録オプションを表示する」にチェックを入れます（画面6）。

▼画面6　Eメールマーケティングの設定

　ここにチェックを入れると、チェックアウト画面で以下のチェックボックスが表示されます（画面7）。

▼画面7　Eメールマーケティングに関するチェックボックス

カゴ落ち

　お客様がカートに商品を入れたままサイトを離れ、そのまま購入に至らない「カゴ落ち」を防ぐために、お客様にメールで通知する設定できます。

　「カゴ落ち」で「カゴ落ちメールを自動的に送信する」にチェックを入れると、カートに商品を入れてから注文を完了していないお客様にメールを送信して通知できるようになります(画面8)。

　チェックを入れたら、メールを送信する対象者と、カゴ落ちしてからメールを送信するまでの時間を選択します。

▼画面8　カゴ落ちメールの設定

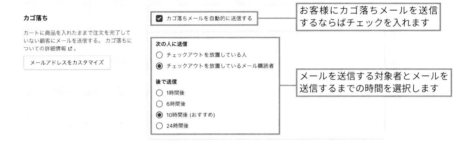

🛒 税金に関する設定

ネットショップで販売する商品の税に関する設定は「税金」から行います（画面9）。

▼画面9　税金の設定

「商品を税込価格で表示する」で、ネットショップの商品の価格を税込価格で表示するかどうか選択できます。2021年4月からは　**総額表示が義務付けられています**ので、基本的にはチェックを入れておいて問題ないでしょう。

🛒 各種設定

「オンラインストア」の「各種設定」ではサイトの基本的な情報を編集します（画面10）。

▼画面10　各種設定

「タイトルとディスクリプション」でお客様が検索エンジンでサイトを検索したときに表示されるサイトのタイトルとディスクリプションを編集します。ここをしっかり書いておくことで、ネットショップや商品を検索したお客様にクリックされやすくなります。

　ネットショップを公開するときには「パスワード保護」のチェックを外しましょう。

　その他に、SNSで共有したときの表示設定や、Googleアナリティクスの設定なども「各種設定」から行います。

2

2-13 ドメインを設定しよう

Shopify では「○○.myshopify.com」というドメインが付与されますが、ドメインはお店の看板のような役割を果たすものになるため、基本的には独自のドメインを取得して設定することが望ましいです。

独自ドメインを設定しよう

独自ドメインの設定は、「オンラインストア」から「ドメイン」を選択して行います。
「既存のドメインを接続する」をクリックすれば取得したドメインとの接続設定ができます（画面1）。

▼画面1　ドメインの設定

利用する独自ドメインを入力し、「次へ」をクリックします（画面2）。

▼画面2　独自ドメインを入力する

ここまで進んだら、ドメインを取得したサービスの管理画面でDNSの設定を行います。具体的な設定の内容はShopifyの公式ヘルプページに記載されていますので、以下を参考に進めてください（画面3）。

▼画面3　DNSの設定

https://help.shopify.com/ja/manual/online-store/os/domains/add-a-domain/using-existing-domains/connecting-domains

DNSの設定が完了したら、Shopifyの管理画面に戻り、「接続を確認する」ボタンをクリックします（画面4）。

▼画面4　接続を確認する

　以上で独自ドメインの設定は完了です。DNSの設定が完了していれば、新しく設定したドメインでストアにアクセスできるようになっています（設定の反映までに時間がかかる場合があります）。

　また、サブドメインを接続する場合などは、一部設定内容が異なりますので、先ほどのヘルプページで確認をしておきましょう。

プランを選択し、 Shopify への支払い設定をしよう

Shopify で実際の販売ができるように、プランを無料トライアルの状態から有料に変更しましょう。

🛒 Shopifyのプランによる違いは？

ストアを公開・運営するために、Shopifyのプランを無料トライアルの状態から有料に変更をしましょう。

Shopifyには、基本的なプランとして、ベーシック、スタンダード、プレミアムとして３種類のプランと、より大規模なネットショップの運営が可能なShopify Plusの4種類があります（ストアを持たずに購入機能だけを使用するライトプランもあります）。

各基本プランの主な機能を比較した表が以下になります（表1）。

▼表1　Shopifyの各プランの機能

プランの特徴	ベーシック 小規模な事業者や 個人ストア向け	スタンダード 中規模な事業者や売上げ が増えてきたストア向け	プレミアム 大規模なチームの 事業者向け
月額料金	米ドル**$29**/月	米ドル**$79**/月	米ドル**$299**/円
管理画面とShopify POSへのアクセス権があるスタッフアカウント数	2	5	15
プロフェッショナルレポート	×	○	○
カスタムレポートビルダ	×	×	○
外部サービスの計算済み配送料	×	×	○
日本のオンラインクレジットカード手数料	3.4% +0円	3.3% +0円	3.25% +0円
海外/AMEXのオンラインクレジットカード手数料	3.9% + 0円	3.85% + 0円	3.8% +0円
JCBのオンラインクレジットカード手数料	4.15% +0円	4.1% +0円	4.05% +0円

Shopifyペイメントを有効にせず他の決済サービスを使用する場合の追加料金	2.00%	1.00%	0.50%
手動で為替レートを設定（固定の為替レートを使って、海外購入者向けの価格設定を管理しましょう）	×	○	○
国際価格（国別で商品価格をカスタマイズ）	×	○	○
海外ドメイン（国別でドメインを分ける設定）	×	○	○

　これからはじめてストアをオープンする場合、ベーシックプランを選択するのが良いでしょう。Shopifyはベーシックプランでも大手サイトに負けないアクセス体制を持っています。

　スタンダードプランはベーシックプランに加え、より多くのスタッフアカウントが登録でき、またより充実したレポート機能を利用できます。

　プレミアムプランの大きな利点として、外部サービスと連携した自動送料計算が可能です。例えば、DHLや郵便局の送料を重量などを元にして自動計算したい場合、このプラン以上が必要になります。

　Shopify Plus（月額$2000）を契約することで、チェックアウトページをより広い範囲でカスタマイズしたり、SSO（シングルサインオン）機能を使って顧客情報を外部に持ちShopifyに連携する形でログインする機能など実装したりできます。

　Shopify Plusは、基本プランとは異なり通常の申し込み画面からはプラン変更できません。導入を検討する場合、Shopify Plusの開発知見があるパートナーかShopifyサポートに相談すると良いでしょう。

🛒 Shopifyのプランを選択しよう

　Shopifyのプラン選択は、管理画面左下の「プラン」から行います（画面1）。「プラン」をクリックするとプランの詳細の設定画面が表示されます。

　プランを選択するために、「プランを変更」ボタンをクリックしましょう（画面2）。

　プラン一覧画面から契約したいプランの「プランを選択」ボタンをクリックしてください（画面3）。

　請求サイクル（30日、1年、2年、3年）を選択し、クレジットカード、PayPalから都合の良い決済方法を選んで「プランを開始する」ボタンをクリックしてください（画面4）。

▼画面1 設定画面で「プラン」を選択

▼画面2 「プランを変更」ボタンをクリック

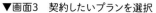

▼画面3　契約したいプランを選択

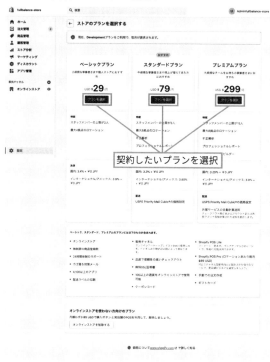

▼画面4　請求サイクルと決済方法を選択

完了画面が出たらShopifyのプラン選択は完了です。

2-15 ネットショップを公開しよう

ここまで設定が完了したらネットショップをお客様に公開しましょう。

🛒 ネットショップのパスワード制限を解除しよう

Shopifyでは、作成途中のネットショップにお客様がアクセスできないようにパスワードによるアクセス制限がかかっています（画面1）。パスワードが有効の間は、パスワードを知っているネットショップの運営スタッフしかサイトを閲覧できません。

▼画面1　Shopifyのパスワードページ

パスワードを入力してください →

fullbalance-store
まもなく公開

ストアに関する最新情報をメールでお知らせします。
新商品やセール情報などのお得な情報をお届けします。

| メールアドレス | 通知を受け取る |

情報を広く伝えましょう

f シェア　🐦 ツイート　📌 ピンする

Powered by Shopify

パスワード制限を解除すると、ネットショップを誰でもアクセス可能な状態にできます。
パスワード制限の解除は、「オンラインストア」の「各種設定」を開き、「パスワード保護」のチェックを外せば完了します（画面2）。

▼画面2　ネットショップのパスワード制限を解除する

パスワード保護

ストアへのアクセスを制限するためにパスワードを有効にします。パスワードを知っているお客様のみがストアへアクセスすることができます。パスワード保護の詳細を確認する。🔗

☐ パスワードを有効にする

パスワード

▢▢▢▢▢▢

6/100文字使用

ストア訪問者へのメッセージ

0/5000文字使用

　なお、パスワードはランダムの文字列であらかじめ入力されていますが、任意の文字列にも変更できます。

　パスワード制限を解除すれば、ネットショップの公開完了です！

　次の章以降では、アプリを使ってネットショップに追加の機能を実装したり、テーマファイルを編集してより独自のショップにするための方法を解説します。

第 3 章

アプリをインストールして
機能を追加しよう

Shopifyは「アプリ」を追加することで「お気に入り」
や「商品レビュー」などの機能を簡単に追加できます。こ
の章では、「そもそもアプリって何?」という基本的な内
容(3-1節)から、第2章で作ったネットショップに実際
にアプリをインストールして機能を追加する方法(3-2
節)、おすすめのアプリや少し複雑なアプリの導入方法
(3-3節～3-5節)についてを解説します。

3-1 アプリについて知っておこう

Shopifyでは基本機能を超えた機能を導入するために、アプリの仕組みを利用します。アプリは、Shopify自体から提供されているものもありますが、基本的には外部の事業者（ベンダー）から提供されています。

たとえば、「送り状印刷」という一つの機能を取っても、複数の事業者がサービスを提供しています。

同一カテゴリの中で複数の事業者が機能面・サービス面での競争をしているため、質が高いこともShopifyアプリの特徴の一つです。

同じような機能であっても、使い勝手や価格も含めて複数のアプリの中から選べます。

Shopifyのアプリについて正しく理解するためにも、まずは「そもそもアプリとはなにか?」という基本的なところから一緒に見ていきましょう。

そもそも「アプリ」とは?

アプリとは、Shopifyで利用できるネットショップに誰でも簡単に機能を追加できる仕組みのことです。

Shopifyには、アプリストアに公開されているものだけでも数え切れないほどのアプリがあり、ネットショップに必要な機能が網羅されています（画面1）。

▼画面1　Shopifyアプリストア

Shopifyでは、この「アプリ」を使ってネットショップに機能を追加し、自分好みの形にカスタマイズしていくことになります。

Shopifyで利用できるアプリの種類

Shopifyで「アプリ」という名称を使うときは、多くの場合、Shopifyアプリストア（https://apps.shopify.com/?locale=ja ）で公開されているものを指します。

こちらは誰でもインストールできるもので、無料のものから有料のものまでたくさんのアプリが存在します。

アプリストアに公開されているアプリは、基本的には世界中にいるアプリベンダーが開発をしたものですが、中にはShopifyが自ら開発したアプリも存在します。Shopifyが開発をしているアプリは、「商品レビュー」や「販売チャネルの追加」など、基本的な機能を持ったアプリが多く、無料で利用できるのが特徴です（画面2）。

▼画面2　Shopifyが開発したアプリの例

また、上記のような通常の「アプリ」とは別に、ネットショップ独自の要望に対応するために専用に開発した「独自アプリ」と呼ばれるものがあります。

Shopifyにはたくさんのアプリがあるため、ネットショップに必要な機能は基本的に網羅されています。しかし、汎用的な機能を持ったもののため、すべてのケースに対応ができるわけではありません。場合によっては想定している機能が実現できないこともあります。

このような場合に作成するプライベートなアプリを「独自アプリ」と呼びます。

独自アプリは専用の機能をゼロから開発するため、開発のコストは高くなります。費用を抑えるためにも、まずは通常のアプリストアに公開されているアプリで対応できる範囲で工夫ができないか検証してみるのが良いでしょう。

アプリを追加するときの注意点

　Shopifyのアプリは、ボタンをクリックするだけでインストールできるものも多く、専門的な知識がなくても簡単に機能を追加できる非常に便利な仕組みですが、実際にインストールする前に気を付けておいた方がいいこともあります。

アプリの費用はきちんと確認しておこう

　アプリの費用は事前に確認をしておきましょう。**たとえば、無料の表記があったときでも「インストールが無料」で別途サービスの利用料が発生するものも存在したりします。**

　また、きちんとした日本語表記に対応している場合は問題ないですが、英語表記のアプリや自動翻訳によって説明がされているものも多いです。費用について不明点がある場合は、開発会社に確認をしておくことをおすすめします。

アンインストール後の処理

　多くのアプリはテーマに独自のコードを追加することで機能を実装しています。

　コードの追加といっても、アプリをインストールする際にワンクリックで導入できるものも多いです。ただ、アンインストール時に追加したコードを削除してくれるものは少なく、機能を追加した分だけ"不必要なコード"がテーマに残る形になります。

　シンプルな機能のものであれば、追加されたコードを1行削除する程度ですが、機能が複雑になればなるほどテーマに追加されるコードの量も増えます。

　「言語切替」や「パスワード制限」など、ストア全体に関わるような機能を追加する場合は、アンインストール時に元の状態に戻せるように予めテーマのバックアップを取得しておきましょう。

アプリは万能ではない

　Shopifyのアプリは、欲しい機能を簡単に追加できて非常に便利な仕組みです。

　ただ、基本的には「誰かが作ったものを借りてきている」状態になります。外部のシステムのため、利用者側で自由にカスタマイズできるわけではなく、開発者側が設定している範囲で調整する形になる点に注意が必要です。

　Shopifyでネットショップを制作・運営するときのコツとして、**「○○という機能は必要だから必ず実装する（できなければオープンしない）」と考えるのではなく、「○○は難しそうだけど、△△という形なら似たような機能を実現できそう」と考える方がいいでしょう**。既に存在している機能を使って柔軟に工夫をしていけると、結果的にコストも抑えられ、要望に合ったネットショップができあがることが多いです。

3-2 実際にアプリを使ってみよう

実際に Shopify のアプリをインストールしてみましょう。
ここでは、メールマガジン配信する際に利用する「Shopify メール」というアプリを例に
アプリの基本的な使用方法を解説していきます。

アプリをネットショップにインストールしよう

ネットショップにアプリを導入するためには、まずShopifyアプリストア（https://
apps.shopify.com/?locale=ja）にアクセスをして、インストールしたいアプリの名前
やキーワードを検索しましょう。

ここでは「Shopifyメール」と検索します。検索結果が表示されるので、インストールす
るアプリを選択します（画面1）。

▼画面1　「Shopifyメール」の検索結果

アプリをストアにインストールするために、「アプリを追加する」をクリックしてくださ
い（画面2）。

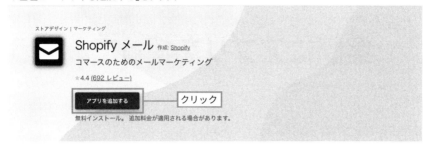

英語版のサイトにリダイレクトされた場合は日本語版のサイトと同じ位置にある「Add app」のボタンをクリックします（画面3）。

▼画面3 「Add app」をクリック

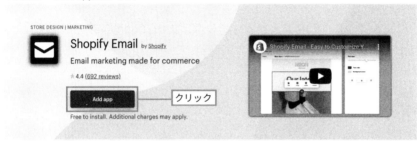

アプリを追加すると、Shopifyの管理画面に遷移します（画面4）。

ここで、**アプリがネットショップから取得する情報が表示されるので、内容を確認して「アプリをインストール」をクリックしてください**。アプリをインストールすることで、ネットショップでアプリの機能が使用できるようになります。

ここまではどのアプリを導入する場合でもほとんど同じ手順になります。アプリによっては、更に利用規約などへの同意を求める画面が表示されることもあるので、内容を確認してインストール手続きを進めましょう。

Shopifyメールの使い方

Shopifyにアプリをインストールできたので実際に使ってみましょう。

メールの作成方法

Shopifyメールをインストールすると、メールを作成するための管理画面に遷移します（画面5）。一度画面を閉じてしまった場合や追加でメールを作成する場合は、Shopifyの管理画面「アプリ管理」から「Shopifyメール」を選択することで、メールの作成画面に遷移できます。

「メールを作成する」をクリックすると、メールテンプレートの選択画面が表示されます（画面6）。

▼画面6　Shopifyメールのテンプレート選択画面

テンプレートにカーソルを当てると、「プレビュー」と「選択する」というボタンが表示されます（画面7）。

▼画面7　テンプレートに「プレビュー」と「選択する」のボタンが表示される

「プレビュー」のボタンをクリックすると、テンプレートの全体のデザインを確認できます（画面8）。

▼画面8　メールテンプレートのプレビュー

「選択する」のボタンをクリックすると、メールの作成画面が開きます（画面9）。
　まずは「受取人」、「件名」、「プレビューテキスト」の設定をしましょう。「差出人」はネットショップの名前とメールアドレスが自動的に設定されます。

▼画面9　メール作成画面

「受取人」は「すべての購読者」、「新規」、「リピーター」から選択できるようになっています（画面10）。

▼画面10　受取人を選択する

また、Shopifyの管理画面から「顧客管理」で新たに購読者グループ（顧客グループ）を作成すれば、それも受取人として設定できます。

顧客管理画面で絞り込み機能や検索機能を使ってお客様を絞り込み、その結果を保存することでグループを作成できます（画面11）。

顧客グループの作成方法は第4章（P.204）で詳しく説明しています。

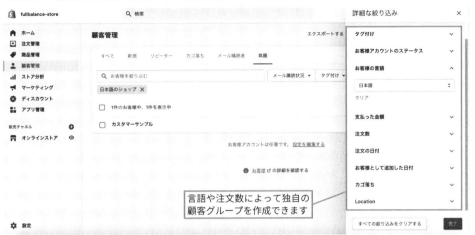

言語や注文数によって独自の
顧客グループを作成できます

「件名」にはメールの目的がわかるような、かつメールを受け取った人の興味を引くような
ものを入れるようにしましょう。

「プレビューテキスト」にはメールの受信画面で件名のあとに続く文章を入れます。基本
的にはメールの概要や抜粋など短い文章を入力します。

メールのテンプレートを編集する

次にメールの本文を作成しましょう。

ヘッダーとフッターはすべてのテンプレートに挿入されています。

ヘッダーには、ネットショップの名前かネットショップのロゴの画像を挿入できます（画
面12）。ロゴのサイズや配置の調整もできます。

▼画面12　メールのヘッダーを編集

任意のロゴ画像の表示
やスタイルの変更がで
きます

フッターはネットショップの住所や電話番号の表示/非表示の切替えや、ソーシャルアイコンの設置ができます（画面13）。

▼画面13　メールのフッターを編集

メール本文に埋め込める要素は、「テキスト」「ボタン」「画像」「商品」「ギフトカード」「ディスカウント」となっています。

メールの本文にカーソルを当てると表示される「＋」ボタンをクリックすると、要素を選択できます（画面14）。

▼画面14　メール本文に挿入する要素を選択

それぞれ挿入するテキストのサイズや色の変更、画像の設定ができます（画面15）。

▼画面15　メールに入れる要素を編集

メールマガジンを送信する

メールを作成したら、実際にメールの送信テストをしてみましょう。

テストメールを送信するときは、右上の「テストを送信」をクリックします（画面16）。

▼画面16　テストメールを送信する

テストメールを送信するメールアドレスの入力画面が表示されます（画面17）。メール
アドレスを入力したら「送信」をクリックすると、指定したメールアドレスにテストメール
が送信されます。送信先は一度に最大5件まで設定できます。

▼画面17　テストメールを送信するメールアドレスを入力する

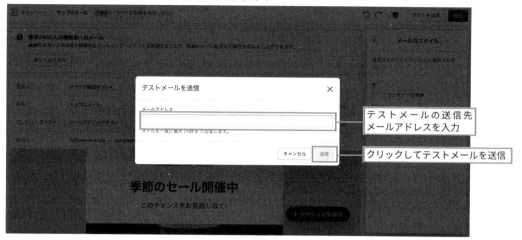

テスト結果に問題なければ、実際にお客様にメールを送信しましょう。

お客様にメールを送信するときは、右上の「確認」ボタンをクリックします（画面18）。

▼画面18　お客様にメールを送信する

　すると、送信するメールの確認画面が表示されるので、件名や内容に間違いがないか確認をしましょう（画面19）。

▼画面19　送信するメールの確認画面

すぐにメールを送信する場合は、そのまま「送信」をクリックします。

右上の「予定」ボタンをクリックすると、送信日時を設定できます（画面20）。送信日と送信時間を指定して、画面の中の「予定」ボタンをクリックすることで設定した日時にメールがお客様に送信されます。

▼画面20　メールをスケジュールする

```
メール送信をスケジュールする                    ✕

  送信日                      送信時間 (JST)
  📅 2021-03-20              🕐 10:00

  メールの受信者は、購読者リストの変更に応じて更新されます。

                          メールの送信日と送信時間を指定

  すべての購読者 (4人の購読者)                      ⌄
  このメールの見積もり費用は$0.00 USDです。

                              キャンセル    予定
```

Shopifyメールの基本的な操作は以上です。メールのテンプレートは複数作成できるので、送信する内容に合わせてテンプレートや受取人を設定しましょう。

3-3 おすすめアプリを見てみよう

たくさんのアプリから選べるのは Shopify の大きな魅力ですが、機能をひとつ追加するだけでも、名前や機能が似ているアプリが複数あり、どれを利用すればいいのか迷う方もいると思います。

ここでは、ネットショップでよく利用する機能を中心におすすめのアプリを紹介します。

デザイン・ページに対する機能の追加

まずは、ネットショップの外観をカスタマイズするアプリをご紹介します。

本来、複雑なデザインを実装するにはコードを編集する必要がありますが、専門知識がなくてもアプリを利用すれば簡単にオリジナルのネットショップを作成できます。アプリには、無料のもの、無料プランがあるもの、月額費用が発生するものなどがあります。利用する場合は、各アプリストアの説明文を確認してから使用しましょう。

Shogun Landing Page Builder

ドラッグ＆ドロップの操作でランディングページや商品ページ、ブログページとあらゆるページを作成できるアプリです。

月額費用はかかりますが、専門業者に依頼をしなくても複雑なページを作成できるようになります。自社内にShopifyに精通したエンジニアがいない場合や自分でどんどんショップの改善をしていきたい場合におすすめのアプリです。

> **アプリストアはこちら**
>
> https://apps.shopify.com/shogun?locale=ja

▼画面　Shogun Landing Page Builder

PAGEFLY

　SEO対策も考慮された独自のページを作成できるアプリです。このアプリでもコード編集を必要とせず、テンプレートを使ったり、ドラッグ＆ドロップでパーツを追加したりしてネットショップのページを作成できます。無料のプランもあり、類似アプリと比較して低コストで導入できる点が大きなメリットです。

アプリストアはこちら

https://apps.shopify.com/pagefly?locale=ja

▼画面　PAGEFLY

FAQ Page & Accordion

　FAQ(よくあるご質問)のページを作成するためのアプリです。

　テーマの中にはもともとFAQページ用のテンプレートが用意されているものもありますが、デザインが気に入らなかったり、テーマにテンプレートが用意されていない場合は、このアプリがおすすめです。アコーディオン形式(ボタンクリックで開閉)のFAQページを簡単に作成し、デザインも管理画面からすぐに変更できます。

アプリストアはこちら

https://apps.shopify.com/easy-faqs-by-ndnapps-com?locale=ja

▼画面　FAQ Page & Accordion

Privy

　マーケティング用のアプリで、複数ある機能のうちの一つにネットショップに「ポップアップ」を表示させるための機能があります。たとえば、期間限定キャンペーンを行う場合、サイトに訪れたユーザーにまずポップアップを表示することで効果的にキャンペーンをアピールできます。

　また、Privyの大きな特徴として、2種類のポップアップを用意してどちらの方がより効果的かチェックする「ABテスト」ができることが挙げられます。ABテストを行うことで、施策の精度をより効果的に測れるので、ポップアップをサイトに表示したいときにおすすめのアプリです。

アプリストアはこちら

```
https://apps.shopify.com/privy?locale=ja
```

▼画面　Privy

Product Reviews

　ネットショップに「商品レビュー」の機能を追加してくれるShopify公式のアプリです。一部のテーマではこのアプリをベースに商品レビュー機能を実装しているものもあります。費用もかからないため「まず試しにレビュー機能を追加してみたい」という時はこのアプリをインストールしてみて、機能的に足りないところがあれば、その他の有料アプリのインストールをすることをおすすめします。

アプリストアはこちら

```
https://apps.shopify.com/product-reviews?locale=ja
```

▼画面　Product Reviews

Judge.me Product Reviews

「Product Reviews」と同じネットショップに商品レビューの機能を追加するアプリです。無料プランでも運用可能ですが、テンプレートを編集したり、表示する要素を変更したりする場合は有料プランに移行する必要があります。より高機能な商品レビューアプリを探している方におすすめのアプリです。

> アプリストアはこちら

```
https://apps.shopify.com/judgeme?locale=ja
```

▼画面　Judge.me Product Reviews

3

Wishlist King

ネットショップに「お気に入り」の機能を追加してくれるアプリです。Liquidの知識が必要になりますが、比較的柔軟にデザインのカスタマイズができる点が特徴です。無料プランはありませんが、月額費用も安価でおすすめのアプリの一つです。

> アプリストアはこちら

```
https://apps.shopify.com/wishlist-king?locale=ja
```

▼画面　Wishlist King

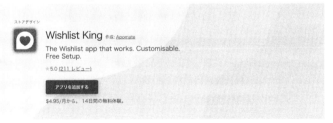

Custom Fields

　商品詳細ページやブログ記事ページの内容は基本的に「本文」のエリアに入力することになりますが、場合によっては、本文以外に独自の入力項目を作成したいケースもあると思います。そんな時に便利なのがこのアプリです。Metafieldという属性を使って管理画面に独自の入力項目を作成できます。ネットショップを細かくカスタマイズしたい場合におすすめのアプリです。このアプリについて詳しくは第6章（P.315）で紹介しています。

アプリストアはこちら

https://apps.shopify.com/custom-fields-2?locale=ja

▼画面　Custom Fields

送料無料バー

　ネットショップで「10,000円以上送料無料」というキャンペーンは定番ですが、このアプリはその名のとおり、ネットショップに「あといくらで送料無料」という表示を追加してくれるアプリです。

アプリストアはこちら

https://apps.shopify.com/shopify-application-64?locale=ja

▼画面　送料無料バー

配送日時指定

国内のネットショップではよく見る配送日時の指定ですが、Shopifyの基本機能では対応していません。「配送日時指定」というアプリは、その名のとおり、配送日時指定の機能をネットショップに追加してくれるアプリです。

「年末年始は対象外」や「営業日換算（土日祝日は除く）」など、指定できる配送日時の期間指定や「置き配」の指定など、日本独自の習慣にも対応しています。

アプリストアはこちら

```
https://apps.shopify.com/d?locale=ja
```

▼画面　配送日時指定

注文と配送

配送日時指定 .amp 作成: &d
配送日や配送時間帯を指定できるようにします
★4.9 (3 レビュー)

[アプリを追加する]

$9.80/月。 14日間の無料体験。

Wholesale Club

特定のタグがついたユーザーに対して限定価格を表示できるアプリです。1つのショップで異なる価格を表示することができるため、BtoB・卸販売向けに別のショップを立ち上げる必要がなく、異なるショップ間での在庫連携も不要です。BtoB・卸販売向けに、デザインや構成は同じまま、商品の価格だけを変えたい場合におすすめのアプリです。

アプリストアはこちら

```
https://apps.shopify.com/wholesale-club?locale=ja
```

▼画面　配送日時指定

売上とコンバージョンの最適化

Wholesale Club 作成: Pixel Union
The easiest way to offer wholesale pricing
★4.4 (415 レビュー)

[アプリを追加する]

$24/月から。 14日間の無料体験。 外部料金 ⮕が適用される場合があります。

🛒 業務効率化

Shopifyアプリは、ページの見た目を変えるものだけではなく、裏側の「配送」や「商品情報の登録」といった日々の作業を効率化するためのアプリもたくさんあります。

Order Printer

Shopifyが公開している明細書や領収書、請求書といった配送の際に必要になる書類を作成・印刷できるアプリです。HTMLで直接デザインの編集もできるため、オリジナルの書類を簡単に作成できます。

アプリストアはこちら

```
https://apps.shopify.com/order-printer?locale=ja
```

▼画面　Order Printer

Ship&co

インボイスや納品書の発行など、配送の際に必要な業務を自動化できるアプリです。国内だけでなく海外配送(FedEx、UPS、DHL、SF Express、国際郵便など)にも対応しています。配送する商品の重量やサイズを入力するだけで、どこの配送業者に頼めば送料を抑えられるのか比較できます。

アプリストアはこちら

```
https://apps.shopify.com/shipandco?locale=ja
```

▼画面　Ship&co

Japan Order CSV

Shopifyの受注データCSVを日本向きの形式に合わせて出力してくれるアプリです。通常、Shopifyの受注データCSVを出力すると、都道府県は都道府県コード（東京都はJP-13）、名前は名、姓の順序で表示されるなど、少々扱いづらいのが難点でしたが、このアプリを使うことでそういった問題を解消できます。

有料プランになりますが、ヤマト運輸、佐川急便、日本郵便といった日本の配送業者のフォーマットに沿ったCSVも出力できます。

```
https://apps.shopify.com/japan-order-csv?locale=ja
```

▼画面　Japan Order CSV

Easy Label Japan Post

日本郵便を利用して日本から海外へ商品を発送する際に配送ラベルを作成できるアプリです。

日本郵便でも「国際郵便マイページサービス」というサービスを提供しており、海外への発送の際の配送ラベルを作成することはできますが、アプリを使えばShopifyの管理画面から配送ラベルの作成や出荷状況や料金の確認になります。

```
https://apps.shopify.com/easy-label-japan-post?locale=ja
```

▼画面　Easy Label Japan Post

Easy Rates Japan Post

　日本郵便で日本から海外へ商品を発送する際に利用可能な送料を自動的に計算してネットショップに表示してくれるアプリです。通常、管理画面から配送料を手動で設定する必要がありますが、アプリを利用することで、正確、かつ簡単に海外配送用の送料を設定できます。

アプリストアはこちら

https://apps.shopify.com/easy-rates-japan-post?locale=ja

▼画面　Easy Rates Japan Post

OPENLOGI

　OPENLOGIは、商品の出荷作業や在庫管理を代行するサービス「オープンロジ」とShopifyを連携させるためのアプリです。倉庫にある在庫とShopifyに登録されている在庫データが自動的に連携されるので、手動で在庫管理する必要もなくなります。請求される料金は入庫料、保管料、配送料のみで、アプリの使用料自体はかかりません。

アプリストアはこちら

https://apps.shopify.com/openlogi?locale=ja

▼画面　OPENLOGI

Matrixify(旧Excelify)

　CSVだけでなく、Excel形式での商品情報の一括データ入力(インポート)と一括データ出力(エクスポート)を行うためのアプリです。ネットショップ開設時の初期登録など多数の商品情報を追加しなければならない時に活躍します。インポートのスケジューリングができるので、週ごとに新商品が追加されるようなショップの場合、Googleスプレッドシートと組み合わせることで、更新・追加作業の自動化ができます。

アプリストアはこちら

```
https://apps.shopify.com/excel-export-import?locale=ja
```

▼画面　Matrixify(旧Excelify)

🛒 販売促進・サイト分析

　Shopifyでは商品の販売促進やサイトの分析に役立つアプリも数多くあります。

Shopifyメール

　Shopifyが提供しているメールマーケティング用のアプリです。テンプレートを利用して簡単にメールを作成し、Shopifyの顧客情報に基づいてメールマガジンを配信できます。

アプリストアはこちら

```
https://apps.shopify.com/shopify-email?locale=ja
```

▼画面　Shopifyメール

Klaviyo

メールマガジンを配信するためのサービスです。カートに商品を入れたままネットショップを離れたお客様に確認メールを送信したり、特定の商品を購入した顧客に対してメールを送信したりするなど、より詳細なメールマーケティングができます。

アプリストアはこちら

https://apps.shopify.com/klaviyo-email-marketing?locale=ja

▼画面　Klaviyo

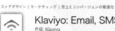

ストアデザイン | マーケティング | 売上とコンバージョンの最適化

Klaviyo: Email, SMS & Forms
作成: Klaviyo
Everything you need for ecommerce marketing
★ 4.2 (1222 レビュー)

アプリを追加する

無料インストール。追加料金が適用される場合があります。

Lucky Orange

お客様がネットショップ上でどのような動きをしているのかを調査できるアプリです。

ページのどこにカーソルを合わせているのか、ページをどこまでスクロールしているのか着色することで、お客様が何に注目しているのかわかる「ヒートマップ」機能や、ユーザーがどのような動きをしているか実際に確認できる「レコーディング」機能があり、このアプリを導入することで、様々な角度からユーザーを分析できます。

アプリストアはこちら

https://apps.shopify.com/lucky-orange?locale=ja

▼画面　Lucky Orange

ストアデザイン | マーケティング | 売上とコンバージョンの最適化 | カスタマーサポート | レポート

ラッキーオレンジヒートマップ＆リプレイ
作成: Lucky Orange LLC
記録を見て、お買い物が進まない理由を知り、売り上げを伸ばしましょう！
★ 4.7 (614 レビュー)

アプリを追加する

無料プランあり。7日間の無料体験。

Affiliatly Affiliate Marketing

アフィリエイトマーケティングの手助けとなるアプリです。プランによって登録できるアフィリエイターの数は変わりますが、アフィリエイターに紹介してもらう商品数に制限はありません。実績や拡散力に応じて、アフィリエイターごとに報酬を変更できます。

> **アプリストアはこちら**

> https://apps.shopify.com/affiliatly?locale=ja

▼画面　Affiliatly Affiliate Marketing

Loyalty, rewards and referrals

Shopifyで独自のポイントプログラムを実装するためのアプリです。お客様の商品購入、レビュー、SNSでの「いいね」等、様々なイベントに対してポイントを付与できる高機能なアプリです。

> **アプリストアはこちら**

> https://apps.shopify.com/loyaltylion?locale=ja

▼画面　Loyalty, rewards and referrals

3

EasyPoints

　ポイントプログラムを実装するためのアプリです。日本の会社が開発したアプリのため、日本独自の仕様に沿った形でポイント機能をストアに追加できます。

アプリストアはこちら

```
https://apps.shopify.com/easy-points?locale=ja
```

▼画面　EasyPoints

Page Speed Booster（遷移速度改善アプリ）

　ネットショップの表示速度はユーザーの離脱率に直結するため、売上げにも密接に関わってきます。インストールは非常に簡単で、かつ、無料でインストールできるので、表示速度を改善したい場合は、一度試してみることをおすすめします。

アプリストアはこちら

```
https://apps.shopify.com/page-speed-booster?locale=ja
```

▼画面　Page Speed Booster（遷移速度改善アプリ）

Referral Candy

　ユーザーが他ユーザーにストアの紹介をする「リファラル（紹介）キャンペーン」の機能をネットショップに追加してくれるアプリです。SNSなどを通じてユーザーが商品を紹介し、新規の購入があった場合にキックバックを行うといった紹介プログラムを実装できます。

アプリストアはこちら

```
https://apps.shopify.com/referralcandy?locale=ja
```

▼画面　Referral Candy

アフィリエイト連携

　国産のアフィリエイト連携アプリです。国内の大手ASPと連携しているため、インストールからキャンペーンを動かすまでが非常にスムーズです。国内向けでアフィリエイトを検討している場合は、こちらのアプリをインストールすることをおすすめします。

アプリストアはこちら

```
https://apps.shopify.com/shopify-application-102?locale=ja
```

▼画面　アフィリエイト連携

🛒 越境対応

　Shopifyではアプリを使うことで、海外のお客様がネットショップに訪問したときに適切な言語や通貨で表示できます。言語や通貨の切替の機能を持ったアプリは多数ありますが、特に実績も多くおすすめのものを厳選してご紹介します。

LangShop

　Langshopは、言語切替だけでなく通貨切替や自動翻訳の機能も持った多機能な多言語対応アプリです。商品情報などの自動翻訳ができるので、商品数が多いネットショップを運営している場合に特におすすめのアプリです。

アプリストアはこちら

```
https://apps.shopify.com/langshop?locale=ja
```

▼画面　LangShop

ストアデザイン
LangShop - 言語と通貨　作成: LangShop
複数の言語にあなたのストアを翻訳！
★4.9 (355 レビュー)
アプリを追加する
$34/月。14日間の無料体験。

langify

　Shopifyの中でも特に有名な言語切替のアプリです。自動翻訳はありませんが、海外向けのSEO対策に必要なmeta descriptionの編集もでき、必要十分な機能が揃っています。商品を一つ一つ確実に翻訳をしたい場合におすすめのアプリです。

アプリストアはこちら

```
https://apps.shopify.com/langify?locale=ja
```

▼画面　langify

ストアデザイン
langify　作成: Johannes Hodde
Translate your shop into multiple languages
★4.8 (1171 レビュー)
アプリを追加する
$17.50/月。7日間の無料体験。

Auto Currency Switcher

通貨切替の機能のみネットショップに追加したい場合は「Auto Currency Switcher」がおすすめです。無料プランでも必要充分な機能が揃っており、複雑な設定も必要がないので、初心者でも簡単に通貨切替を実装できます。

アプリストアはこちら

```
https://apps.shopify.com/auto-currency-switcher?locale=ja
```

▼画面　Auto Currency Switcher

ストアデザイン

Auto Currency Switcher 作成 MLVeda

Best Currency Converter to checkout in multi currency

★4.8 (4956 レビュー)

アプリを追加する

無料プランあり

応用編① ： 定期購入ができるストアを作ろう

> 応用編では、少し複雑な設定が必要なアプリの使用方法について解説していきます。1つ目は「定期購入」の機能追加です。
> 定期購入とは一か月ごとに定期的に課金を行い商品を毎月固定的に届ける仕組みです。

定期購入ができるようにするためのアプリ

Shopifyには定期購入ができるようにするアプリが複数ありますが、今回は特に有名な「Bold Subscriptions」を使用していきます。「Bold Subscriptions」は、アプリストアの説明文によると、「$49.99/月。60日間の無料体験。追加料金が適用される場合があります。」と説明されています。利用する前に確認しましょう。

Bold Subscriptions

Shopifyに定期購入の機能を実装できるアプリです。お客様が定期購入を申し込むことで、自動的に決まった周期で決済が行われる仕組みを実現します。

アプリストアはこちら

```
https://apps.shopify.com/bold-subscriptions?locale=ja
```

▼画面　Bold Subscriptions

🛒 定期購入の設定をしよう

それでは実際に定期購入アプリをインストールしてみましょう。

Bold Subscriptionの導入

　Bold Subscriptionsをアプリストアからインストールすると、プランの選択画面に遷移します（画面1）。プランは一つしかないので、そのまま右上の「Continue」をクリックしましょう。

▼画面1　プランを選択

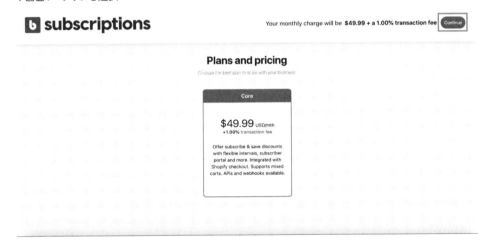

　Shopify側の画面に戻るので、サブスクリプションを承認します（画面2）。

▼画面2　サブスクリプションを承認

アプリの規約が表示されるので、内容を確認して「Accept and continue」をクリックしましょう(画面3)。

▼画面3　規約に同意

Terms of service

You must accept and agree to the <u>terms of service</u> and <u>privacy policy</u>.

Accept and continue

　規約に同意をすればアプリのインストールは完了です。次にテーマファイルにアプリのコードを追加します。セレクトボックスでインストールするテーマを選択し、バックアップを取得したことを確認したら、「Start automatic install」をクリックします(画面4)。

▼画面4　テーマにコードをインストールする

　このとき、**公開中のテーマにインストールする前に、テーマを複製して複製した方のテーマにインストールしておくことで、万が一不具合が起きたときに対処できます。**
　定期購入のアプリは比較的多くのコードをテーマに挿入しますので、バックアップの意味合いでも、まずは複製したテーマにインストールをしておくのがおすすめです。
　テーマにコードをインストールしたら、アプリのダッシュボードを確認してみましょう(画面5)。

▼画面5　Bold Subscriptionsのダッシュボード

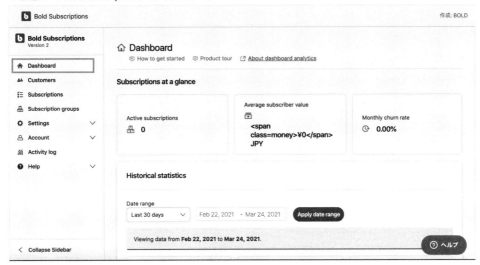

　ここがアプリの管理画面のホーム画面です。左側のメニューで項目を選択し、設定を進めていくことになります。

定期購入の対象となる商品を設定しよう

　まずは定期購入の対象となる商品を「Subscription groups」として設定していきます。
　「Subscription groups」をクリック、続けて「Create subscription group」のボタンをクリックして新しいSubscription groupを作成しましょう（画面6）。

▼画面6　Subscription groups

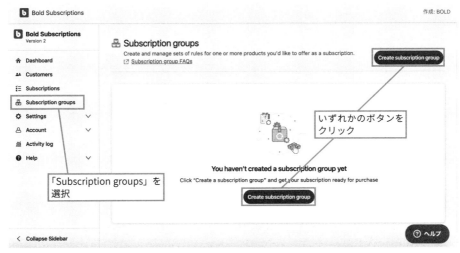

「Create subscription group」の画面では管理用の名前や購入の周期を設定していきます（画面7）。

▼画面7　Create subscription group

「Subscription information」には定期購入の基本的な情報を設定します（画面8）。

▼画面8　Subscription information

「Group name」には管理用の名前を入力します。
「Select products」で定期購入のグループに入れる商品を選択します。

商品を選択するときは、Shopifyに登録した商品が並んだ画面が表示されるので、subscription groupに入れる商品のチェックボックスにチェックを入れます（画面9）。
　商品を選択したら「Confirm」のボタンをクリックしましょう。

▼画面9　商品を選択する

　次に、「Subscription frequency」で定期購入の周期を設定します（画面10）。
　右側のセレクトボックスで「Day（日）」、「Week（週）」、「Month（月）」、「Year（年）」の中から単位を選択し、左側の欄に数字を入力します。
　「Frequency name」に入力する名前はお客様に表示される購入周期の名称を入力します。たとえば、月に一度の発送であれば、「毎月1度のお届け」などと入力をすれば良いでしょう。

▼画面10　Subscription frequency

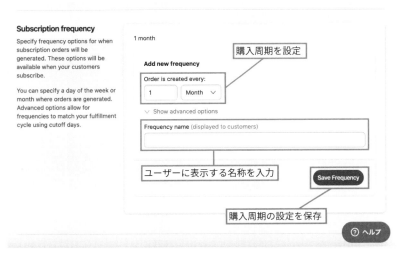

「Show advanced options」をクリックすると、定期購入の周期に関する詳細な設定項目が表示されます(画面11)。

▼画面11　Show advanced options

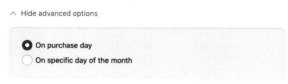

「On purchase day」では、お客様が商品を購入した日が定期購入のサイクルの開始日(注文日)となります。

「On specific day of the month」は、月や週の決まった日に注文したことになります。

「Additional settings」で定期購入による割引の設定ができます。

「Offer a discount for subscribing」をオンにすると、割引の設定項目が表示されます(画面12)。

割引の指定は「Percent off(%)」と「Amount off($)」から選択できます。特定の金額を割引たい場合はAmount off、一定の割引率に応じて値下げを行う場合はPercent offを選択します。

▼画面12　Additional settings

ここまで設定できたら、「Save changes」のボタンをクリックして設定内容を保存しましょう。

最後に作成したsubscription groupを有効にするため、StatusをONに変更します(画面13)。

▼画面13　subscription groupのstatusをONに変更

subscription groupで選択した商品のページで定期購入のオプションが表示されていれば商品の設定は完了です（画面14）。

▼画面14　定期購入商品のプレビュー

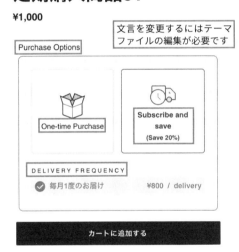

英語のまま表示されている部分やデザインを変更するには、テーマファイル内でLiquidやCSSを直接修正する必要があります。Liquidについては本書の後半（第5章）でも触れていますので参考にしてください。

メール通知設定

商品の設定ができたら、次はお客様に送信されるメールの設定を変更してみましょう「Settings」をクリックすると各種設定項目が表示されるので、「Email notifications」をクリックしてください（画面15）。

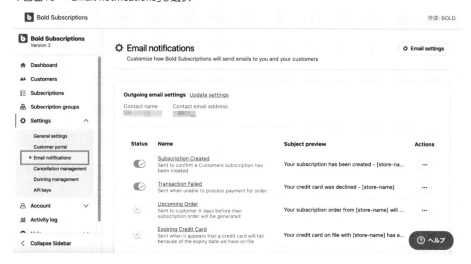

右上の「Email settings」のボタンをクリックすると、メール通知の基本設定ができます（画面16）。

▼画面16 Email settings

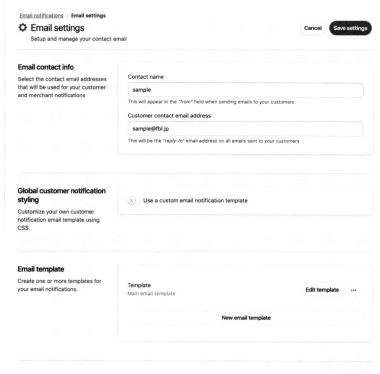

「Email contact info」にはお客様に送信したメールに表示される差出人の名前とメールアドレスを入力します。

「Global customer notification styling」はCSSを使って独自のテンプレートを作成する際にオンにします。ここをオンにするとCSSの記述欄が表示されます。

「Email template」ではメールテンプレートを編集や追加ができます。

「Edit template」のボタンをクリックすることで、主にメール本文のヘッダーとフッターを編集することになります（画面17）。「Send test email to:」に任意のメールアドレスを入力し、「Send test email」のボタンをクリックすれば指定したメールアドレスにテストメールを送信できます。

▼画面17　メールテンプレートの編集画面

メールの種類ごとのテンプレート編集は、再び「Email notifications」の画面に戻って行います（画面18）。また、「Status」でオンオフを切替えて、メールの種類ごとに通知するかどうか選択できます。

▼画面18　メールテンプレートの種類

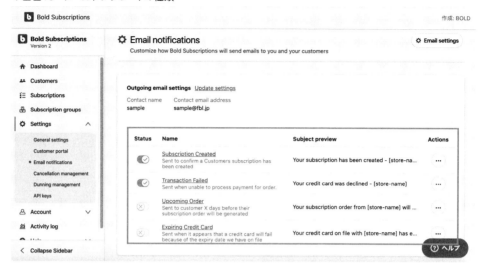

　テンプレートの種類には以下のものがあります。

・Subscription Created…お客様が定期購入に新規登録すると送信されるメールです。
・Transaction Failed…お客様の注文の支払い処理ができないときに送信されるメール
　です。
・Upcoming Order…定期購入の次回お届け日が近づくとお客様に送信するメールです。
・Expiring Credit Card…お客様が登録したクレジットカードの有効期限が原因で注文処
　理が失敗したときに送信されるメールです。

　それぞれのメールの名前をクリックするとテンプレートの件名と本文の編集ができます
（画面19）。

▼画面19　メールの件名と本文を編集する

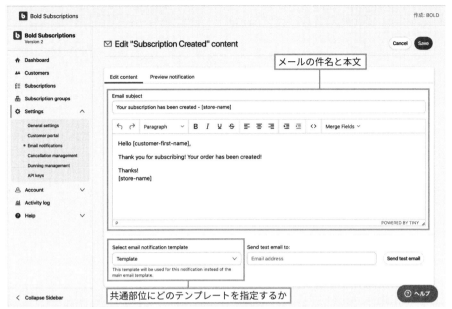

　ヘッダーやフッターを「Email settings」で追加したテンプレートのものに置き換えたい場合は、「Select email notification template」から使いたいテンプレートを選択します。

　メールを編集したら「Send test email to:」にメールアドレスを入力し、「Send test email」のボタンをクリックして指定のメールアドレスにテストメールを送信しましょう。

　設定した内容が反映されていれば、メールの編集は完了です。

基本設定が完了したら実際に商品を購入してみよう

　上記設定で、一通りの定期購入の設定ができました。エラーや設定もれをなくすために、実際に公開する前にはご自身でいろんなパターンで購入を試してみてください。

　定期購入機能を実現するには、クレジットカード会社の契約など煩雑な手続きと時間がかかるのが一般的でした（Shopifyでも最近まで別途手続きが必要でした）。

　ShopifyとBOLDなどのアプリを使えば、既存のものとくらべかなり簡単に定期購入のネットショップが解説できます。

　BOLD Subscriptionには他にも機能がたくさんあるので試してみてください。

149

3-5 応用編② ： 音楽や情報をダウンロードするサイトを作ろう

ネットショップで販売するものは、配送が必要な物品だけとは限りません。
　Shopifyでは、音楽やPDFデータといった無形商材（ダウンロードコンテンツ）の販売もできます。定期購入の次は、アプリを使ってダウンロードコンテンツを販売するストアを作成する方法を紹介します。

配送が必要でない商品の設定

　Shopifyのネットショップでダウンロードコンテンツを販売するために、まずは通常の商品と同様に商品管理画面から商品情報を登録します。
　配送セクションで、「配送が必要な商品です」のチェックボックスからチェックを外すことで配送が必要でない商品として設定できます（画面1）。

▼画面1 「配送が必要な商品です」からチェックを外す

チェックを外したら「保存」をクリックして商品情報を保存しましょう。

🛒 ダウンロードコンテンツを販売するためのアプリ

通常の配送を伴う通信販売ではなく、デジタルデータ（音声、動画など）を販売する場合、デジタル商品販売のためのアプリを導入します。まずは、Shopifyが無料で提供しているアプリ、Digital Downloadを使用してみましょう。

Digital Downloads

Shopify自体が提供するデジタル商品を販売するアプリです。

お客様がネットショップで商品の購入手続きをすると、ダウンロードリンクを記載したメールが送信され、そのリンクから商品をダウンロードできるようになります。

> アプリストアはこちら

```
https://apps.shopify.com/digital-downloads?locale=ja
```

▼画面　Digital Download

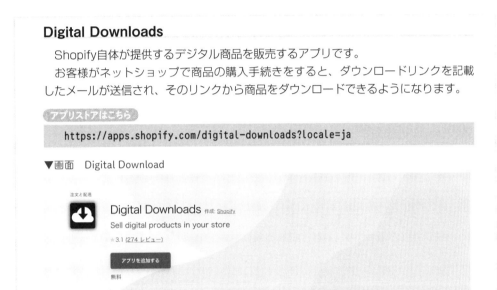

Sky Pilot

Sky Pilotは、お客様がネットショップでダウンロードコンテンツを購入したあとに、アカウントページでコンテンツをダウンロードできるようにします。お客様がダウンロードリンクの記載されたメールを紛失したとしても安心です。より高機能なダウンロード販売アプリを求めている場合、このアプリを試してみると良いでしょう。

> アプリストアはこちら

```
https://apps.shopify.com/sky-pilot?locale=ja
```

▼画面　Sky Pilot

🛒 ダウンロードコンテンツ販売の設定

実際にここでは「Digital Downloads」を利用してダウンロードコンテンツを販売する手順を解説していきます。

商品情報にダウンロードコンテンツを設定しよう

Digital Downloadsをインストールすると、商品管理画面からダウンロードコンテンツの設定ができるようになっています。

ダウンロード販売する商品の編集画面で、「その他の操作」をクリックし「Add Digital Attachment」を選択します（画面2）。

▼画面2　商品の編集画面

すると、Digital Downloadsのダッシュボードに遷移します（画面3）。

▼画面3　Digital Downloadsのダッシュボード

「UPLOAD FILE」のボタンをクリックし、販売するファイルを選択します。データの
アップロードが完了したら商品情報とファイルの紐付けは完了です。

ダウンロードコンテンツの設定

ダウンロードコンテンツとして登録した商品ごとに、商品の配送やダウンロード回数の
制限などを設定できます。

Shopifyの管理画面から「アプリ管理」を選択し、Digital Downloadsを開いてくださ
い(画面4)。

▼画面4　アプリ管理からDigital Downloadsを開く

設定したい商品の名前を選択しましょう(画面5)。

▼画面5　商品名を選択

153

歯車のアイコンをクリックし、「Settings」を選択すると商品の設定ができます（画面6）。

▼画面6　商品の設定を行う

Settingsではフルフィルメントとダウンロード回数制限の設定を行います（画面7）。

▼画面7　フルフィルメントとダウンロード回数制限の設定ができる

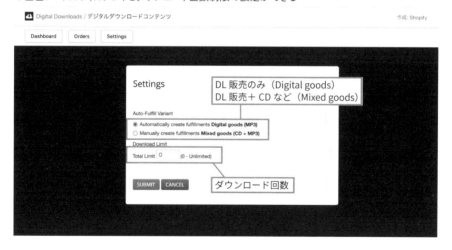

　「Automatically create fulfillments Digital goods (MP3)」を選択すると、自動的にフルフィルメントが作成されます。この場合は、お客様がネットショップで決済を完了させると自動的にダウンロードリンクの記載されたメールが送信され、注文は発送済みとして処理されます。デジタルコンテンツのみの販売を行う場合はこちらを選択しておきましょう。

　「Manually create fulfillments Mixed goods (CD + MP3)」を選択すると、手動でフルフィルメントを作成する必要があります。この場合は、お客様にダウンロードリンク

の記載されたメールを送信する前に、手動で注文を発送済みとして設定します。こちらは、音楽データとCDなどといった、ダウンロードコンテンツと配送が必要な有形商材を合わせて販売するときに利用します。

「Download Limit」ではお客様がダウンロードできる回数を制限できます。

一度購入すれば何度でもダウンロードできるようにする場合は入力欄に「0」と入力しておけば、ダウンロード回数は無制限となります。

手動でフルフィルメントを作成する場合は、同じく手動でお客様にダウンロードリンクの記載されたメールを送信できます。

歯車のアイコンをクリックしたら、「Manual URLs」を選択します（画面8）。

▼画面8　Manual URLsを選択

「GENERATE URL」のボタンをクリックすることでダウンロードリンクを作成できます（画面9）。

▼画面9　ダウンロードリンクを作成

作成されたURLをコピーしお客様に送信することで、お客様は設定されたファイルをダウンロードできるようになります（画面10）。

▼画面10　作成されたURLをコピー

ダウンロードリンクの再送

一度ダウンロードリンクを送信したお客様にリンクを再送する場合は、Digital Downloadsで「Orders」のボタンをクリックして操作を行います（画面11）。

▼画面11　Orders

Ordersにはダウンロードコンテンツがされたときの注文番号が並んでいます。ダウンロードリンクを再送する注文番号をクリックしてください。

注文したお客様の情報が表示されます（画面12）。「RESEND DOWNLOAD EMAIL」のボタンをクリックすると、ダウンロードリンクを記載したメールを再送できます。

▼画面12　注文情報

メールテンプレートの編集

　ダウンロードコンテンツを購入したお客様に送信するメールテンプレートを編集しましょう。

　Digital Downloadsで「Settings」のボタンをクリックしてください（画面13）。

▼画面13　Settings

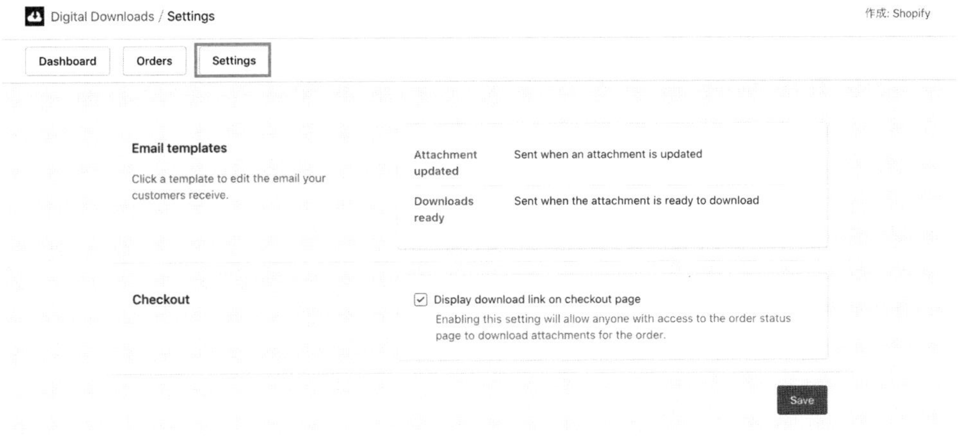

　「Attachment updated」ではお客様が購入したダウンロードコンテンツを更新すると送信されるメールのテンプレートを編集できます。

　「Downloads ready」ではお客様が購入したダウンロードコンテンツがダウンロードできる状態になると送信されるメールのテンプレートを編集できます。

　テンプレートは画面右側に書かれている変数を使うことで様々なお客様や注文情報に対

157

応できるようになります（画面14）。

▼画面14　例：「Attachment updated」のメールテンプレート編集画面

チェックアウトページで直接ダウンロードできるように設定しよう

　基本的にはダウンロードリンクを記載したメールをお客様に送信してそこからコンテンツをダウンロードしてもらう形になっていますが、メールを送信せずにチェックアウトページで直接ダウンロードしてもらうこともできます。

　「Setting」から、Checkoutセクションにある「Display download link on checkout page」のチェックボックスにチェックを入れるとダウンロードリンクをチェックアウトページに表示させます（画面15）。お客様にはダウンロードリンクが記載されたメールも送信されます。

▼画面15　チェックアウトページにダウンロードリンクを表示させる

ダウンロードリンクの無効化

一度有効にしたダウンロードリンクを無効にするためには、「Orders」から無効にしたい注文番号を選択し、「CANCEL」のボタンをクリックします(画面16)。

▼画面16　ダウンロードリンクを無効にする

一度無効にしたダウンロードリンクを再度有効にする場合は、同じ位置にある「ACTIVATE」のボタンをクリックします(画面17)。

▼画面17　ダウンロードリンクを有効化する

🛒 ダウンロードコンテンツを販売するネットショップの完成

　以上で基本的な設定は完了です。定期購入と同じく、実際のオープンをする前に、まずはご自身で考えつくパターンの購入を試してみてください。

　Shopifyでアプリを利用すれば、音楽やPDFデータなどの無形商材を販売するサイトも簡単に作成できます。ダウンロード販売は、アイデア次第で可能性が無限に広がる分野です。ネットならではの仕組みなので、積極的に活用してください。

　この章ではアプリでネットショップの機能を拡張する方法を解説してきました。次の章では、Shopifyの管理画面の使い方を詳しく解説します。

第4章

Shopifyの管理画面を
マスターしよう

Shopifyにはネットショップの注文や商品、お客様
の情報など店舗運営者のための管理画面があります。
第2、3章でも管理画面に触れてきましたが、この章で
は、管理画面で操作できる具体的な内容についてより
詳細に解説します。

4-1
注文情報を編集しよう ～注文管理

この節では予めテスト注文をして注文情報を表示しています。テスト注文については 2-10 節（P.80）を参照してください。

「注文管理」からできること

「注文管理」では、注文データ（お客様から注文が入ったときの、それぞれの注文の詳細情報）の管理ができます（画面1）。注文データに対して発送手続きをする他に、返品やキャンセルといった注文に関する依頼を受けたときに、注文情報を直接処理できます。

この節で解説している内容
・返品及び返金の処理（P.163）
・注文内容を変更する（P.166）
・注文をキャンセルする（P.172）
・商品を発送済みにする（P.174）
・注文を手動で作成する（P.177）
・カゴ落ちメールを送信する（P.185）

▼画面1　注文管理

🛒 返品及び返金の処理

お客様から返品の希望があった場合は、注文データに対して返品手続きを行います。

返品処理

「注文管理」から、返品処理する注文番号を選択してください(画面2)。

▼画面2　返品処理する注文をクリック

注文が入るとこのような画面になります。

「アイテムを返品する」をクリックします(画面3)。

▼画面3　「アイテムを返品する」をクリック

返品処理画面が表示されます（画面4）。

▼画面4　返品処理画面

まず、返品する商品の数量を入力してください。

「配送オプションに戻る」で「既存のラベルから追跡情報を入力する」か「発送不要」を選択します。「既存のラベルから追跡情報を入力する」を選択すると、追跡番号と配送業者を入力できます。

返品の設定ができたら「返品を作成する」をクリックで返品の手続きが完了です。

返金処理

返品と返金のどちらも必要とする場合、**返金を行ったあとに返品処理を行うことはできないため、先に返品処理を行う必要があります。**

Tips

返品処理に関する注意事項

Shopifyペイメントを利用している場合は、返金を行うとその分の金額が次回の支払いから差し引かれます。お客様に返金が入金されるまでには10日程度かかる場合もあるので、その旨を伝えておきましょう。

お客様がクーポンコードを利用して商品を購入した場合、返金額が支払額を上回ってしまうことがあります。返金処理をキャンセルすることはできないので、返金額を間違えないように設定しましょう。

「注文管理」から、返金処理する注文番号を選択してください。

続けて、注文詳細画面の上側に表示されている「返金」をクリックします（画面5）。

▼画面5　「返金」をクリック

返金処理画面が表示されます（画面6）。

▼画面6　返金処理画面

返金する商品の数量を入力します。

　注文された商品の在庫を追跡している場合は「アイテムを補充する」というチェックボックスが表示されています。お客様がまだ返品していない場合はこのチェックを外してください。

　「返金額」の入力欄では手動で返金額を調整できます。配送料を差し引いたり、注文の一部のみを返金したりする場合はここで編集してください。

　デフォルトでは「お客様に通知を送信する」にチェックが入っており、返金するとお客様

にメールが送信されるようになっています。メールを送信したくない場合はこのチェックを外してください。

「¥xxxxを返金する」をクリックしたら、返金処理は完了です。

一部商品だけを返品する

複数の商品が注文され、一部の商品だけが返品対象となる場合の手続きは以下の通りです。

「注文管理」から、一部の商品を返品する注文番号を選択してください。
「アイテムを返品する」をクリックして返品処理画面を表示します。

返品する商品の個数を入力する際に、返品対象となっている商品のみ数量を入力します（画面）。

▼画面　返品対象の商品のみ数量を入力する

注文内容を変更する

注文した商品数や内容の変更依頼を受けた場合、注文情報を編集します。

注文情報を編集できるのはオーナーと注文情報を編集する権限を与えられたスタッフのみです。

注文内容の変更をするときは、「注文管理」から編集したい注文を選択します。

続けて注文詳細画面の上部にある「編集」をクリックします（画面7）。

▼画面7　「編集」をクリック

商品の追加

「商品を追加する」で商品名を入力するか、「閲覧する」をクリックして商品を検索して選択することで、注文に新たな商品を追加できます（画面8）。

▼画面8　商品を追加する

「カスタム商品を追加」をクリックすると、その注文用のカスタム商品を追加できます（画面9）。任意でアイテム名や価格を設定できるので、特別な追加のオーダーに対応する場合などに便利です。カスタム商品の情報を入れたら「完了」ボタンをクリックしてください。

▼画面9　カスタム商品を追加

| カスタム商品を追加 | | ✕ |

アイテム名

価格

数量

¥　0

1　　⏶⏷

☑ 商品は課税対象です

☐ 商品は配送が必要です

キャンセル　完了

商品の削除

削除したい商品名の下にある「アイテムを削除する」をクリックします（画面10）。

▼画面10　アイテムを削除する

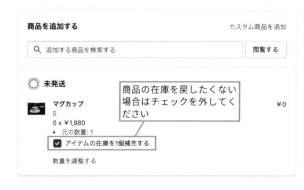

商品の在庫を戻したくない場合は、「アイテムの在庫を1個補充する」からチェックを外してください（画面11）。

▼画面11　アイテムの在庫を戻したくない場合はチェックを外す

商品を追加する　　　　　カスタム商品を追加

🔍 追加する商品を検索する　　閲覧する

◯ 未発送

　マグカップ
　S
　0 x ¥1,980
　• 元の数量: 1
　☑ アイテムの在庫を1個補充する

　数量を調整する

¥0

（吹き出し）商品の在庫を戻したくない場合はチェックを外してください

数量の調整

数量を調整したい商品名の下にある「数量を調整する」をクリックします（画面12）。

▼画面12　数量を調整する

数量調整画面で商品の数量を入力し、「完了」ボタンをクリックします（画面13）。

▼画面13　数量を調整する

ディスカウントの適用

ディスカウントは、注文の編集時に新しく追加した商品にのみ適用できます。

新しく追加した商品名の下にある「ディスカウントを適用する」をクリックしてください（画面14）。

ディスカウントの設定画面が表示されます(画面15)。

　「ディスカウントのタイプ」ではパーセンテージか、金額による割引かを選択してください。「ディスカウントの値」では割引額を設定します。「ディスカウントの理由」にはお客様に表示される、割引が適用される理由を入力してください。「適用する」をクリックして完了です。

▼画面15　アイテムにディスカウントを追加する

注文の変更をお客様に通知する

　注文を編集して、お客様が支払う金額に変更があったら「請求書を送信する」をクリックしましょう(画面16)。

お客様が追加分の支払いをするまで、注文は「一部支払済み」として扱われます。

▼画面16 請求書を送信する

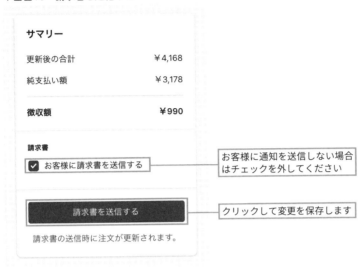

「お客様に請求書を送信する」からチェックを外すと、お客様に請求書を送信せずに注文情報の変更を更新できますが、**あとでこの画面に戻って請求書を送信し直すことはできなくなります**。他の手段でお客様に追加の支払い請求をしている場合は、このチェックを外すことで請求書を二重に送信することを防げます。

`Tips`

注文情報の編集で影響を与える可能性があるエリア

注文情報を編集することで他のエリアにも影響を与える場合があるので、事前に各所への影響を確認しておきましょう。

・アプリ管理

注文情報の編集が反映されないアプリもあります。特に、フルフィルメントアプリは、注文を削除してもアプリから注文が削除されず、支払いが行われていないのに配送されてしまうこともあります。

アプリ開発者に問合せして確認しましょう。

・ディスカウント

注文にクーポンコードなどのディスカウントを適用している場合、注文情報を編集したあとの金額にディスカウントが再計算されないことがあります。

注文全体に適用されるディスカウントや、特定の商品もしくはコレクションに適用される定額ディスカウントは注文情報を編集して商品を追加・削除した場合は再計算されます。ただし、特定の商品もしくはコレクションに適用される定額ディスカウントは、一回の注文で複数のクーポンコードを使用できるときのみ再計算されます。

・配送

　配送方法と送料は注文情報を編集しても再計算されません。アイテムを追加・削除してサイズや重量が変わり送料が変わった場合には、お客様に送料を追加請求する必要があります。

・フルフィルメントサービス

　フルフィルメントサービスを利用している場合、注文情報の編集ができるかどうか問合せして確認しましょう。

　フルフィルメントとは、ネットショップ運営において、受注から配送まで（受注、梱包、在庫管理、発送、受け渡し、代金回収など）の流れ全体を指します。少し範囲が広いですが「配送業務」と理解をしてもいいです。

・決済方法

　注文情報を編集して追加請求が必要となった場合は、お客様が追加の支払いをする際にApple PayやGoogle Payといった簡易的なチェックアウト方法は利用できません。

　また、複数の通貨を利用可能としていて、お客様が管理画面で使われている通貨以外の通貨で注文をしていた場合には注文情報は編集できません。

🛒 注文をキャンセルする

　注文のキャンセル手続きができるのは、以下の場合です。

> ・注文の支払いを回収していない場合
> ・注文の支払いは回収していても、商品の発送をしていない場合

　商品を既に発送していた場合は手動でフルフィルメントをキャンセルする必要があります。しかし、**Shopifyでフルフィルメントをキャンセルしても処理中のフルフィルメントは停止できない点に注意しましょう**。場合によっては、フルフィルメントサービスを行っている業者に直接連絡し、お客様への商品の配送を止めてもらう必要があります。

　既に注文の支払いを回収していた場合は、お客様に注文の代金が全額返金されることになります。支払いが確定されていなければ、支払いのステータスは無効という状態になり

ます。支払いが確定されている場合、ステータスは返金済みとなります。

注文のキャンセル手続きをするときは、「注文管理」からキャンセルしたい注文を選択します。

「その他の操作」から「注文をキャンセルする」をクリックします（画面17）。

▼画面17　「その他の操作」から「注文をキャンセルする」をクリック

注文キャンセルの設定画面が表示されます（画面18）。

▼画面18　注文をキャンセルする

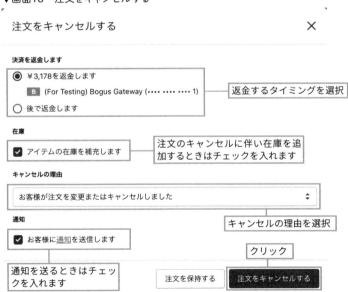

支払いが完了していた場合、すぐ返金するか、後で返金するかを選択してください。

注文キャンセルに伴い、商品の在庫を追加する場合は「アイテムの在庫を補充します」にチェックを入れます。

「キャンセルの理由」で注文がキャンセルされた理由を選択したら、最後にお客様に通知を送るかどうかを「お客様に通知を送信します」のチェックで選択します。

内容を確認したあと、「注文をキャンセルする」ボタンをクリックすることで注文がキャンセルされます。

商品を発送済みにする

Shopifyの注文画面では、配送状況の確認ができます。

音楽やPDF資料などのダウンロードコンテンツを販売している場合などは、注文を自動的にフルフィルメントするように設定できます。自動的にフルフィルメントするように設定していると、お客様が支払いしたあと注文は自動的に発送済みとして記録されます。

`Tips`

フルフィルメントの設定

管理画面左下の設定から「チェックアウト」を選択します（画面1）。

▼画面1　チェックアウト

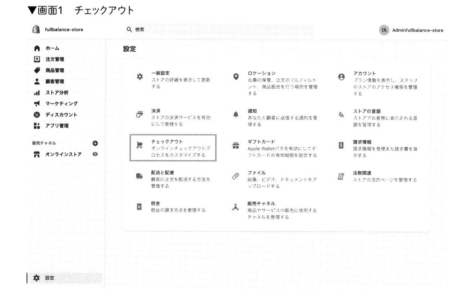

「注文処理」まで画面をスクロールします。

「注文の支払い後」で「注文の項目を自動で発送する」を選択すると、フルフィルメントが自動的に行われます。デフォルトでは「注文の項目を自動でフルフィルメントしない」が選択されており、手動でフルフィルメントするように設定されています（画面2）。

▼画面2　注文の支払い後

手動でフルフィルメントするように設定している場合は、注文管理画面で発送済みにする必要があります。

発送した注文番号をクリックし、注文詳細画面で「発送済みとしてマークする」をクリックしてください（画面19）。

▼画面19　発送済みとしてマークする

複数の商品の注文があり、一部の商品のみを発送する場合は、「アイテム」の項目で発送する商品の数量を調整します（画面20）。続けて、追跡番号の入力と配送業者の選択を行います。

▼画面20　手動フルフィルメント

一部の商品のみを発送する場合は
ここで商品の数量を調整します

　内容を確認したら、「アイテムを発送する」をクリックすることで、配送状況のステータスを発送済みにできます。

注文後に住所の変更依頼を受けた場合

　チェックアウト時にお客様が住所を打ち間違えたり、引っ越して住所が変わったのにそれ以前に記録された情報でチェックアウトしてしまったりしたときなど、注文を受け付けたあとでお客様から住所の変更依頼を受ける場合があります。

　注文管理画面で住所を変更したい注文番号をクリックします。

　注文詳細画面の右側にお客様の情報が表示されています（画面）。

▼画面　注文したお客様の情報

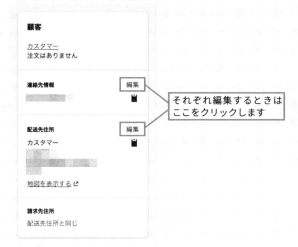

それぞれ編集するときは
ここをクリックします

「連絡先情報」ではお客様のメールアドレス、「配送先住所」では注文された商品の配送先の
住所を編集できます。各項目の「編集」をクリックすることでそれぞれ編集できます。

🛒 注文を手動で作成する

ネットショップを介さず、電話等で商品の注文を受けた際にもShopifyで注文や売上の
管理ができます。

お客様の代わりに注文を作成することで、注文は「下書き」に追加されます（画面21）。

▼画面21　下書き注文

下書き注文はお客様から支払いを受け付けると通常の注文になります。

下書き注文を作成する

下書き注文を作成するときは、注文管理画面で「注文を作成する」をクリックします（画面22）。

▼画面22　注文を作成する（下書き注文を作成するとこのような画面になります）

「お客様を探すか検索する」の入力欄をクリックすると、既存のお客様を選択するか、新規のお客様の情報を登録できます（画面23）。

▼画面23　お客様を探すか検索する

「新しいお客様を作成する」をクリックすると、お客様情報の登録画面が表示されます（画面24）。

各項目にお客様の情報を入力し、「顧客情報を登録する」ボタンをクリックして保存しましょう。

▼画面24　新しいお客様を作成する

新しいお客様を作成する　　　　　　　　　　　　　　　×

名　　　　　　　　　　　　　姓

メールアドレス

☐ お客様はメールマーケティングを承諾しています

☐ お客様は免税対象です

配送先住所

会社又はその他の法人　　　　　　電話番号

住所　　　　　　　　　　　　　建物名、部屋番号など

市区町村　　　　　　　　　　　国 / 地域

　　　　　　　　　　　　　　　日本

都道府県　　　　　　　　　　　郵便番号

北海道　　　　　　　　　　　　　　　　　　各項目を入力したら
　　　　　　　　　　　　　　　　　　　　　クリック

キャンセル　　顧客情報を保存する

下書き注文の内容を入力する

次に注文内容を入力します。商品名を入力するか「商品を見る」をクリックして、注文に追加する商品を検索します（画面25）。

▼画面25　商品を検索する

商品を選択したら「注文に追加する」をクリックします（画面26）。

▼画面26　商品を選択する

それぞれの商品の数量を入力します（画面27）。

▼画面27　注文詳細

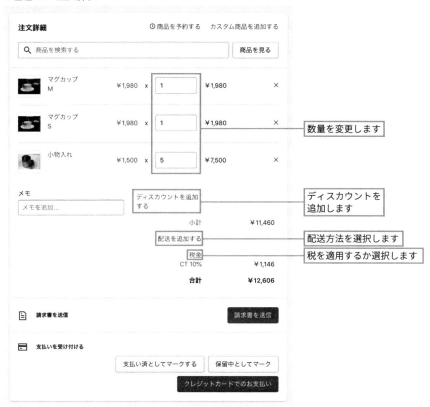

商品ごとにディスカウントを設定する場合は、商品の価格をクリックします。

注文全体にディスカウントを設定する場合は「ディスカウントを追加する」をクリックします。

金額かパーセンテージでディスカウントを設定します（画面28）。

「適用する」をクリックして、ディスカウントを保存します。

▼画面28　ディスカウントを設定する

「配送を追加する」をクリックし、配送方法を選択してください。

通常の配送方法、無料配送、カスタムから選択できます（画面29）。この注文に対して任意の配送料を適用したい場合は、カスタムに名前と金額を入力します。配送方法を選択したら「適用する」ボタンをクリックして、配送方法を保存します。

▼画面29　配送方法を選択する

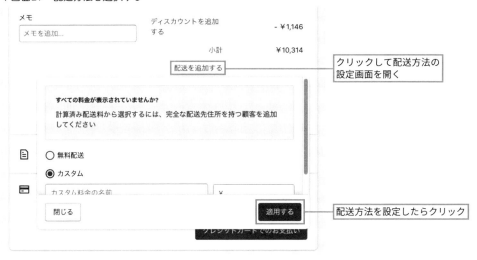

「税金」をクリックすると、税金を適用するかどうか選択できます（画面30）。デフォルトでは消費税が適用されるように設定されています。設定を変更した場合は「適用する」ボタンをクリックして税の適用について保存しましょう。

▼画面30　税の適用

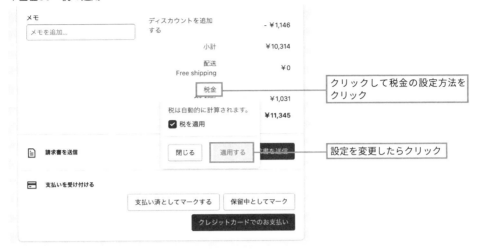

メモ	ディスカウントを追加する　- ¥1,146
メモを追加...	小計　¥10,314
	配送 Free shipping　¥0

クリックして税金の設定方法を
クリック

税金

税は自動的に計算されます。
☑ 税を適用

¥1,031

¥11,345

設定を変更したらクリック

請求書を送信　閉じる　適用する　書を送信

支払いを受け付ける

支払い済としてマークする　保留中としてマーク

クレジットカードでのお支払い

請求書を送信する

「請求書を送信」ボタンをクリックすると、下書き注文が保存され、請求書の作成画面が表示されます（画面31）。ここからお客様にメールで請求書を送信できます。

「このお客様へのカスタムメッセージ」の入力欄には任意のメッセージを入力します。また、「bccを以下に送信する」で送信元のメールアドレスにチェックを入れることで、メールのコピーを自分に送信できます。

4

▼画面31　請求書を送信する

請求書を送信する　　　　　　　　　　　×

受取人　　　　　　　　　　差出人
sample@fbl.jp　　　　　　"fullbalance-store"
　　　　　　　　　　　　　<sample@fbl.jp>

Subject
請求書 {{name}}

カスタムメッセージ
このたびはご注文ありがとうございました。

お客様へのカスタムメッセージを
入力します（任意）

このテンプレートは通知で編集可能です。

bccを以下に送信する: ☐

チェックを入れるとメールのコ
ピーを自分に送信できます

キャンセル　請求書を確認

クリックしてメールのプレビュー
を確認

「請求書を確認」をクリックすると、メールのプレビューが確認できます。

メールのプレビューを確認したら「請求書を送信」をクリックして、請求書をメールで送信します（画面32）。

▼画面32　メールのプレビュー

作成した注文の支払いを受け付ける

お客様から既に支払いを受けている場合は「支払い済としてマークする」をクリックします。決済が済んでいない場合は「保留中としてマーク」をクリックして支払い状況のステータスを保留中にします。

Shopifyペイメントを利用している場合は「クレジットカードでのお支払い」をクリックして、クレジットカードによる支払いを請求できます。お客様の請求情報があるか、直接入力できるときに使用できます（画面33）。

▼画面33　支払いを受け付ける

カゴ落ちメールを送信する

「カゴ落ち」には、商品をカートに入れてもチェックアウトまで辿り着かなかったお客様の情報が3か月間保存されます。チェックアウトをせずに買物をやめてしまったお客様にメールを送信することで、カゴ落ちを回復できることがあります。

手動で送信する場合

「注文管理」から「カゴ落ち」を選択します（画面34）。

▼画面34　カゴ落ち

カゴ落ちメールを送信するチェックアウト番号を選択します。
「カートリカバリーメールを送信する」をクリックします（画面35）。

▼画面35　カートリカバリーメールを送信する

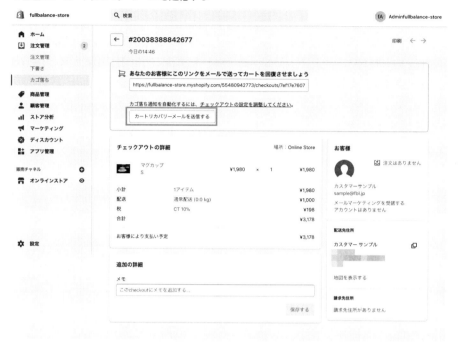

カートリカバリーメール（カゴ落ちメール）の作成画面が表示されます（画面36）。

▼画面36　カートリカバリーメール作成画面

カートリカバリーメールを送信する	✕

受取人
sample@fbl.jp

差出人
"fullbalance-store"
<sample@fbl.jp>

Subject
購入手続きを完了する

カスタムメッセージ

→ お客さまへのカスタムメッセージを入力します（任意）

このテンプレートは通知で編集可能です。

bccを以下に送信する：

→ チェックを入れるとメールのコピーを自分に送信できます

キャンセル　　メールを確認する

→ クリックしてメールのプレビューを確認

「このお客様へのカスタムメッセージ」という入力欄には任意でメッセージを追加できます。また、「bccを以下に送信する」で送信元のメールアドレスにチェックを入れることで、メールのコピーを自分に送信できます。

　「メールを確認する」をクリックしてメールのプレビューを確認してみましょう（画面37）。

▼画面37　カートリカバリーメールのプレビュー

プレビューを確認したら「メールを送信する」ボタンをクリックして、メールを送信します。

　カートリカバリーメールのテンプレートは、管理画面の「設定」にある「通知」という項目から編集できます（画面38）。

▼画面38　メールテンプレートの編集

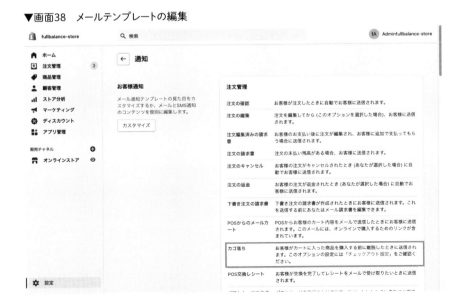

自動で送信する場合

カゴ落ちメールを自動で送信する場合は、管理画面左下の「設定」から「チェックアウト」を開き設定します（画面39）。

▼画面39　設定画面で「チェックアウト」を選択

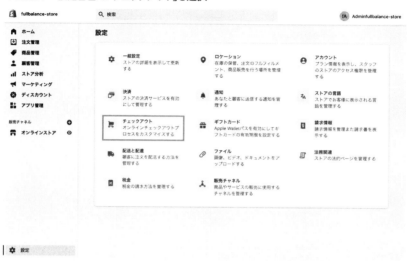

画面をスクロールして「カゴ落ち」で「カゴ落ちメールを自動的に送信する」にチェックを入れます（画面40）。

▼画面40　カゴ落ち設定

チェックを入れておくことで自動的にカゴ落ちメールを送信します

「次の人に送信」でカゴ落ちメールの送信対象を「チェックアウトを放置している人」か、「チェックアウトを放置しているメール購読者」から選択します。
　「後で送信」で、お客様がカゴ落ちしてからメールが送信されるまでの時間を選択します。

4

販売する商品を管理しよう ～商品管理

商品のデータを一括でインポート、エクスポートする方法や、ショップ上での商品の並び順の変更方法など、商品に関する設定の変更方法について解説します。

🛒 「商品管理」からできること

「商品管理」では販売する商品の管理を行います（画面1）。

この節で解説している内容
・商品情報をエクスポートする（P.191）
・商品情報をインポートする（P.192）
・商品の在庫数を確認する（P.194）
・仕入れを追加する（P.196）
・コレクション（商品一覧）の並び順を変更する（P.199）
・ギフトカードを発行する（P.200）

▼画面1　商品管理

商品情報をエクスポートする

商品情報をCSVデータでエクスポートすることで、商品情報のバックアップを取ったり、Shopifyで作った新たなネットショップへのデータの移行や、商品情報の一括編集ができます。

「商品管理」から「すべての商品」を開き、「エクスポートする」をクリックします（画面2）。

▼画面2　商品情報をエクスポートする

エクスポートする商品と、CSVファイルの種類を選択します（画面3）。

エクスポートする前にチェックボックスや絞り込み機能で商品を選択しておくと、任意の商品のデータのみをエクスポートできます。

▼画面3　商品をエクスポートする

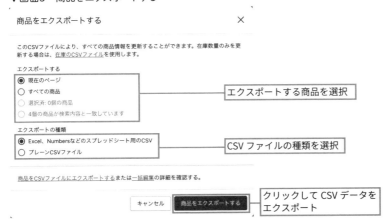

「商品をエクスポートする」をクリックすることで、商品情報をCSVデータでエクスポートできます。

CSVファイルは1ページに50個の商品情報が入ります。エクスポートする商品情報が50個以内のときはそのままブラウザからファイルをダウンロードできますが、51個以上のときにはファイルがメールで送信されます。ネットショップのスタッフがエクスポート作業する場合は、オーナーにもメールが送信されます。

🛒 商品情報をインポートする

CSVデータをアップロードすることで、商品情報を一括で登録できます。
「商品管理」から「すべての商品」を開き、「インポート」をクリックします（画面4）。

▼画面4　商品情報をインポートする

商品情報を入力するCSVファイル

Shopifyの商品情報を入力するCSVファイルのサンプルはShopifyの公式ヘルプページからダウンロードできます。

https://help.shopify.com/ja/manual/products/import-export/using-csv

既存商品の情報を編集する場合は、対象の商品が含まれるデータを一度エクスポートして、変更したい箇所のみ編集をするのが良いでしょう。

「ファイルを追加する」をクリックしてパソコンからCSVファイルを選択するか、直接ファイルをドラッグ＆ドロップしてファイルを追加します（画面5）。

▼画面5　CSVファイルを追加する

「同じハンドルを持つ現在の商品をすべて上書きします。欠けている列には既存の値が使用されます。」にチェックを入れると、Shopifyに登録されている商品にデータを上書きできます。CSVで空欄になっている部分は元のデータのままになります。

「アップロードして続行する」をクリックしてCSVファイルをアップロードします。CSVファイルの最初の行にある商品情報が表示されるので、確認したら「商品をインポートする」をクリックします（画面6）。

▼画面6　商品をインポートする

最初の商品をプレビューする　　　　　　　　　　　　　　×

ⓘ　ファイルをShopifyにインポートしています。このプレビューが正しく表示されない場合、列の見出しの順序を変更するを試してください

5SKUと3枚の画像の合計を含む約3商品をインポートします。インポートは、同じ商品ハンドルを持つ既存の商品を上書きしません。

タイトル	Example T-Shirt
説明	
商品のステータス	アクティブ
タイプ	Shirts
販売元	Acme

キャンセル　　商品をインポートする

商品画像の入力方法

　画像を追加する場合は、URLで指定する必要があります。管理画面「設定」の中にある「ファイル」から画像をアップロードして、「Image Src」の列にURLを入力してください（画面）。

▼画面　画像のアップロード

　複数枚アップロードしたい場合には、最初の1枚に各情報を入力し、2枚目以降はハンドルと画像URLのみ入力してください。

　バリエーションごとに画像が変わる場合はハンドルとバリエーション、そのバリエーションの画像URLを入力します。

商品の在庫数を管理する

　「商品管理」から「在庫」を開いて、商品のバリエーションごとに在庫数を調整できます（画面7）。

▼画面7　在庫

「利用可能な数量を編集する」の列で在庫数を調整します（画面8）。

▼画面8　利用可能な数量を編集する

「追加」で指定した数量を追加します。「設定する」で在庫数を指定した数量にします。

　たとえば、100個の在庫があるときに、「追加」を選択して数量を50にした場合は、変更後の数量は150個になります。同じく100個の在庫があるときに、「設定する」を選択して数量を50にした場合は、変更後の数量は50個になります。

　在庫数を調整したら「保存する」をクリックして在庫数を保存しましょう。

🛒 仕入れを追加する

　サプライヤー（商品の供給元）から商品を仕入れることで、ネットショップの在庫を追加できます。

　「商品管理」から「仕入」を開くと、仕入れ在庫を管理できます（画面9）。

▼画面9　仕入

　「仕入れを追加」をクリックします。

　仕入れ追加の画面が表示されます（画面10）。

▼画面10　仕入れを追加

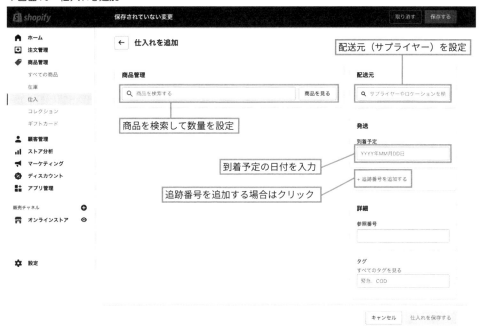

「商品管理」で商品名を入力するか、「商品を見る」をクリックして商品を検索し、「仕入に追加する」をクリックして商品を追加します。「数量」に入荷予定の数量を入力しましょう。

　「配送元」の入力欄をクリックし、サプライヤーを選択するか、「新しいサプライヤーを作成する」をクリックして情報を登録します（画面11）。各項目に情報を入力したら「サプライヤーを保存する」をクリックして保存しましょう。

新しいサプライヤーを作成する　　　　　　　　　　×

サプライヤー名

名　　　　　　　　　　　　　　姓

メール　　　　　　　　　　　　電話番号

住所1

住所2

キャンセル

サプライヤーを保存する ──── 各項目を入力したらクリック

　「発送」で到着予定の日付を入力します。追跡番号を追加する際は「追跡番号を追加する」をクリックして、追跡番号を入力し配送業者を選択します。

　参照番号とタグを割り当てる場合には「詳細」の入力欄にそれぞれ入力します。

　「仕入れを保存する」か「保存する」をクリックして、保存します（画面12）。

▼画面12　仕入れを保存する

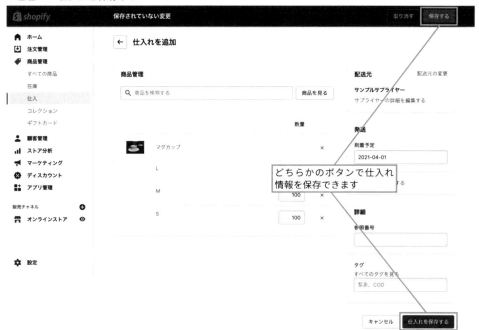

コレクション（商品一覧）の並び順を変更する

コレクション詳細画面では、コレクションに含まれている商品の並び替えができます。「商品管理」から「コレクション」を開き、コレクション一覧の中から商品を並び替えたいコレクションを選択してください（画面13）。

▼画面13　コレクション

画面を下にスクロールすると、「商品管理」という欄にそのコレクションに含まれる商品が並んでいます。一番上の「並び替え」をクリックすると、コレクションの並び順を選択できます（画面14）。

▼画面14　商品管理

並び順の中から「手動」を選択すると、商品を手動で並び替えられるようになります（画面15）。手動で並び替えられる状態にしたら、商品をドラッグ＆ドロップで並び替えましょう。

▼画面15　商品を手動で並び替え

🛒 ギフトカードを発行する

　ギフトカードは、既存のお客様がネットショップの商品の購入に利用できるギフトカードコードを生成する機能です。ギフトカードは他の商品と同じようにネットショップで販売できます。また、アフィリエイトなどの報酬として、無料で発行できます。
　「商品管理」から「ギフトカード」を開きます（画面16）。

ギフトカードを販売する場合は、「ギフトカード商品を追加」をクリックします。
ギフトカードの作成画面が表示されます(画面17)。

4

▼画面17　ギフトカードの作成画面

「アクティブ」にして保存すると商品ページにギフトカードが追加されます

ギフトカードの額面のバリエーション

　商品を登録するときと同様にタイトルや説明などを入力してください。「金額」ではギフトカードの額面のバリエーションを設定できます。

　ステータスを「アクティブ」にして保存するとギフトカードが商品ページに追加され、販売できるようになります。

　無料ギフトカードコードをお客様に直接送信する場合は、「ギフトカードを発行」をクリックします。

　「ギフトカードの詳細」で、「ギフトカードコード」と「初期値」を設定します（画面18）。

▼画面18　無料ギフトカードコードの作成画面

ギフトカードに期限を設定する場合は「有効期限」で「有効期限を設定する」を選択してください(画面19)。

▼画面19　有効期限

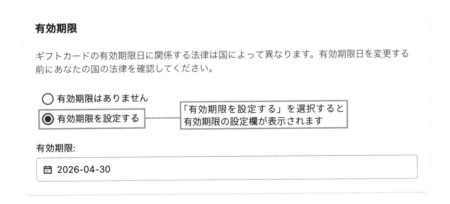

「顧客を探すか作成する」の検索ボックスにお客様の名前、電話番号又はメールアドレスを入力して、ギフトカードコードを送信するお客様を選択します。

「保存する」をクリックしてギフトカードを発行します。

お客様の情報を管理しよう ～顧客管理

お客様の情報を一括でインポートする方法や「特定のお客様のみにメールを配信したい」といった場合に使える「顧客グループ」の作成方法について解説します。

「顧客管理」からできること

「顧客管理」では会員登録をしたお客様の情報を管理できます(画面1)。
会員情報を有効にするには、お客様のアカウント作成を有効(P.91)にする必要があります。

この節で解説している内容
・お客様の情報をインポートする(P.205)
・お客様のグループを作成する(P.207)
・お客様のメールアドレスを変更する(P.208)

▼画面1 顧客管理

お客様の情報をインポートする

　お客様の情報をCSVでインポートできます。他のネットショップからお客様の情報を
インポートする場合は、Shopifyではパスワードは引き継ぐことはできず、お客様に新し
くパスワードを設定してもらう必要があるので注意が必要です。

Tips

顧客情報を移行するには？

　既存サイトから顧客情報を移行する場合、Shopifyはパスワードが移行できないため、す
べてのお客様にパスワードの再入力を促す必要があります。Shopifyには個別にこの招待メー
ルを送る機能がありますが、たとえば何万人も顧客がいる場合など、基本機能では対応が困
難です。

　そういったときに利用すると良いのが、「Bulk Account Invite Sender」というアプリで
す。

　パスワードの再入力のための専用リンクを埋め込んだメールを一斉送信できます。

　こちらのアプリは無料でインストールできます。

アプリストアはこちら

```
https://apps.shopify.com/bulk-account-invite-sender?locale=ja
```

4

▼画面　Bulk Account Invite Sender

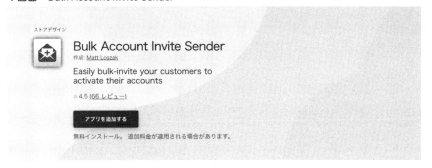

「顧客管理」を開いたら「顧客情報をインポートする」をクリックします（画面2）。

▼画面2　顧客情報をインポートする

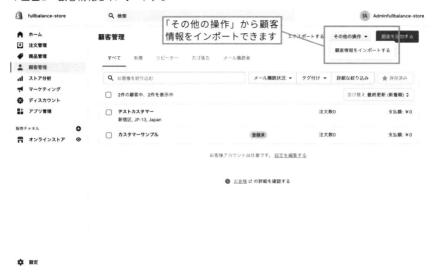

Tips

サンプルデータのダウンロード

「サンプルCSVをダウンロードする」をクリックすると、Shopifyでお客様の情報を入力するCSVファイルのサンプルをダウンロードできます。

```
https://apps.shopify.com/bulk-account-invite-sender?locale=ja
```

お客様の情報のCSVファイルの要件等も記載されているので参考にしてください。

「ファイルを追加する」をクリックしてパソコンからCSVファイルを選択するか、直接ファイルをドラッグ＆ドロップしてファイルを追加します（画面3）。

▼画面3　CSVファイルを追加する

顧客情報をCSVよりインポートする　　　　　　　　　　　✕

サンプルCSVをダウンロードするして、要求されているフォーマットの例をご覧ください。

「マーケティングを承諾する」に設定されている顧客が、あなたに権限を付与していることを確認してください。 続きを読む

⬆

［ファイルを追加する］　　　　　　　　　　　　このボタンをクリックするかファイルをドラッグ＆ドロップ

または、ファイルをドロップしてアップロード

☐ 同じメールアドレスまたは電話番号を持つ既存の顧客情報を上書きする　　　　チェックを入れると Shopify のデータに CSV のデータを上書き

顧客情報をインポートするサポートが必要ですか？

［キャンセルする］　［顧客情報をインポートする］　　　　　クリックして CSV ファイルをアップロード

　　「同じメールアドレス又は電話番号を持つ既存の顧客情報を上書きする」にチェックを入れると、メールアドレス又は電話番号が登録されているお客様の情報を更新できます。
　　「顧客情報をインポートする」ボタンをクリックしてCSVファイルをアップロードします。

4

🛒 お客様のグループを作成する

　　顧客グループを作るとメールマガジンの配信先などを指定する際に役立ちます。
　　顧客グループを作成するには、顧客管理画面の「お客様を絞り込む」の入力欄でお客様を検索するか、「詳細な絞り込み」などのボタンをクリックしてお客様を絞り込みます（画面4）。

▼画面4　お客様を絞り込む

お客様を絞り込んだ状態で「絞り込みを保存する」をクリックすると、絞り込みの結果に表示されたお客様をグループとして保存し、タブを追加できます(画面5)。

▼画面5　絞り込みを保存する

お客様のメールアドレスを変更する

メールアドレスを変更したいお客様の欄をクリックすると、お客様の個別の情報が表示されます。

「お客様の概要」の「編集」をクリックしてください(画面6)。

▼画面6　お客様の情報

「顧客情報を編集」の画面が表示され、「名」「姓」「メールアドレス」「電話番号」の編集ができます（画面7）。

▼画面7　顧客情報を編集

顧客情報を編集　　　　　　　　　　　　✕

名

サンプル

姓

カスタマー

メールアドレス

sample@fbl.jp

電話番号

　　　　　　　　　　　　　　　　　　● ▾

キャンセル　　保存する　──　各項目を入力したらクリック

編集したら「保存する」をクリックして保存しましょう。

4

4-4 売上・お客様の動向を チェックしよう 〜ストア分析

[Shopifyの「ストア分析」から、ネットショップの売上や、お客様の動きを確認できます。]

🛒 ダッシュボード

　ダッシュボードでは、Shopifyが集計している売上やアクセス数などのデータを一覧で確認できます。「レポートを表示する」をクリックすることで、より詳細なデータを確認できます（画面1）。

　確認できるのは次のようなデータです。

❶販売合計

❷オンラインストアのコンバージョン率

❸販売単位別の上位商品

❹トラフィック元別のオンラインストアのセッション数

❺ソーシャルソース別の売上

❻セッション別の上位参照元

❼オンラインストアのセッション数

❽平均注文金額

❾ロケーション別のオンラインストアのセッション数

❿トラフィック元別の売上

⓫セッション別の上位ランディングページ

⓬リピーターの割合

⓭総注文数

⓮デバイスタイプ別のオンラインストアのセッション数

⓯ソーシャルソース別のオンラインストアセッション数

⓰マーケティングに起因する売上

▼画面1 ダッシュボード

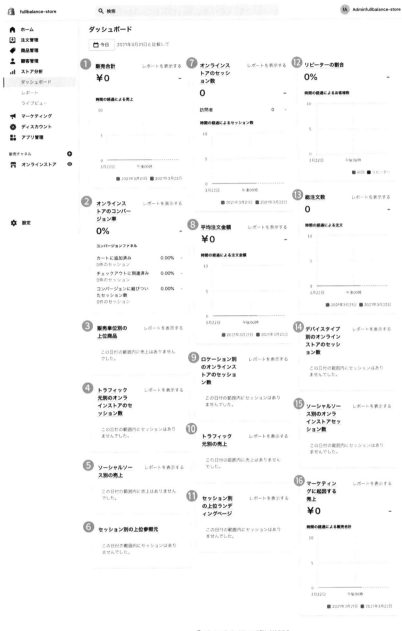

❶販売合計

すべての販売チャネルの 総売上高 - 割引額 - 返金額 + 税金 + 配送料 が表示されます。

❷オンラインストアのコンバージョン率

ネットショップに訪れたお客様がどれくらい商品の注文に繋がったかがわかります。

❸販売単位別の上位商品

ネットショップのベストセラーが表示されます。

❹トラフィック元別のオンラインストアのセッション数

お客様がどのようにネットショップに辿り着いたのかがわかります。ブラウザでキーワードを検索したのか、URLを直接打ち込んだのか、SNSから来たのか、といったものです。

❺ソーシャルソース別の売上

Facebook、Instagram、TwitterといったSNS別の売上がわかります。各SNSユーザーの需要が判断できます。

❻セッション別の上位参照元

他のWebサイトからお客様がアクセスしてきた場合、アクセス元の上位5サイトが表示されます。

❼オンラインストアのセッション数

お客様がネットショップに訪れた回数を表示します。

❽平均注文金額

ギフトカードを除くすべての注文の平均金額が表示されます。税金、送料、ディスカウント額を含み、返品額は差し引かれません。

❾ロケーション別のオンラインストアのセッション数

お客様がネットショップに訪れた回数を国別で表示します。

❿トラフィック元別の売上

トラフィック元別の売上が表示されます。

⓫セッション別の上位ランディングページ

お客様がネットショップで最初に表示したページと、そのページのセッション数が表示

されます。

⑫リピーターの割合

複数の注文を行ったお客様の割合が表示されます。

⑬総注文数

すべての注文数が表示されます。

⑭デバイスタイプ別のオンラインストアのセッション数

どのデバイスからネットショップに訪問されたのかが表示されます。

⑮ソーシャルソース別のオンラインストアセッション数

どのSNSからネットショップに訪問されたのかが表示されます。

⑯マーケティングに起因する売上

マーケティング活動によって訪問したと思われるお客様による売上が表示されます。

🛒 レポート

レポートでは、集客や売上に関する詳細なデータを確認できます（画面2）。
確認できるのは、次のようなデータです。

❶集客レポート
❷財務レポート
❸在庫レポート
❹行動レポート
❺マーケティングレポート

▼画面2　レポート

❶集客レポート

　お客様がどれくらいネットショップに訪れているか確認できる機能です。

　セッションは、お客様がネットショップを離れて30分後かUTCの夜12時に区切られます。

　たとえば、ネットショップを訪れたお客様がネットショップを離れて1時間後に再び訪

問した場合、セッション数は2、訪問者数は1です。また、お客様がネットショップを離れて10分後に再び訪問した場合はセッション数は1、訪問者数は1となります。

ここでは、時間の経過によるセッション数、参照元によるセッション、ロケーションによるセッションのレポートを確認できます。

❷財務レポート

売上、返品、税金、支払いといったネットショップでの財務が表示されます。

❸在庫レポート

1日あたりに販売された在庫の数量と割合を追跡できる機能です。

在庫販売率、1日あたりの平均販売在庫、月末の販売スナップショット、月末在庫値のレポートを確認できます。

スタンダードプラン以上であれば、商品別のABC分析のレポートも確認できます。

❹行動レポート

ネットショップでのお客様の行動がわかる機能です。サイト内検索でどのようなキーワードが検索されたのかといったこともわかります。

時間の経過によるオンラインストアのコンバージョン、上位のオンラインストア検索、結果の得られない上位オンラインストア検索、時間の経過に伴う商品推移の変遷、ランディングページ別のセッション数、デバイス別セッション、オンラインストアの速度のレポートを確認できます。

スタンダードプラン以上であれば、オンラインストアカート分析のレポートも確認できます。

❺マーケティングレポート

どんなマーケティングに効果があるのか分析できる機能です。お客様が何をきっかけにネットショップを訪れ、商品を購入していくのか分析するのに役立ちます。

マーケティングに起因するセッション数のレポートを確認できます。

スタンダードプラン以上であれば、マーケティングに起因する売上、最初のインタラクション別のコンバージョン、最後のインタラクション別のコンバージョン、起因モデルの比較のレポートも確認できます。

4

🛒 ライブビュー

　ライブビューでは、リアルタイムでネットショップに訪れているお客様の行動をチェックできます(画面3)。

　地図上の緑の点は訪問者、青い点は注文しているお客様を表しています。

　地図上でスクロールするか「+」や「-」のボタンをクリックすることで、地図のズームインやズームアウトができます。

　また、国名を選択することで選択した国中心の地図も表示できます。

▼画面3　ライブビュー

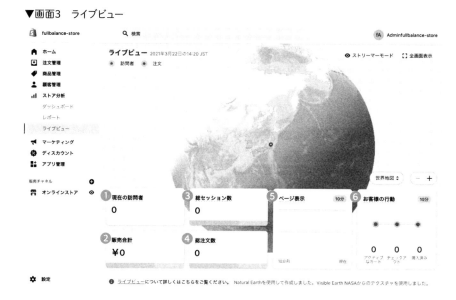

❶現在の訪問者

過去5分間でネットショップでアクティブになっている訪問者の数です。

❷販売合計

夜12時以降の売上です。総売上高 - ディスカウント - 返品 + 配送料 + 税 で計算されます。

❸総セッション数

夜12時以降のネットショップのセッション数です。

❹総注文数

夜12時以降に行われた注文数です。

❺ページ表示

過去10分間に訪問者が表示したネットショップのページ数を1分ごとに記録しています。

❻お客様の行動

過去10分間のお客様の行動が記録されます。アクティブなお客様のカートに商品が入っている、チェックアウトに辿り着いた、購入が完了した数が表示されます。

4-5 ネットショップにお客様を呼び込もう ～マーケティング

メールマガジンの配信や、SNSへの広告出稿など、ネットショップで商品を売るための様々な施策を管理できるのが「マーケティング」の画面です。キャンペーンごとの費用や効果を一覧で確認できます。

概要

ネットショップにお客様を呼び込むために行ったマーケティングによる成果や、どのようなマーケティングを行っているかといった概要が表示されています(画面1)。

▼画面1　概要

❶オンラインストアのセッション数

ネットショップのセッション数が表示されます。

❷マーケティングからの注文

Shopifyのマーケティングキャンペーンと、Shopifyと連携している外部のマーケティングによるネットショップの注文数の合計が表示されます。

❸マーケティングによる売上

Shopifyのマーケティングキャンペーンと、Shopifyと連携している外部のマーケティングによるネットショップの売上の合計が表示されます。

❹マーケティング費用

Shopifyのマーケティングキャンペーンと、Shopifyと連携している外部のマーケティングにかかった費用が表示されます。

❺最近のマーケティング

最近作成したShopifyのマーケティングキャンペーンが表示されます。

❻マーケティングアプリ

マーケティングに活用できるShopifyアプリが紹介されています。

🛒 マーケティング

Shopifyのマーケティングキャンペーンによる成果が表示されています。

ストアで行ったキャンペーンに対し、どのくらい費用をかけていて、どのくらいストアへのアクセスや売上に繋がったのかを一覧で確認できます(画面2)。

▼画面2　マーケティング

❶セッション数

　マーケティングキャンペーンによるネットショップのセッション数が表示されます。

　キャンペーンには、メルマガだけでなくFacebook広告など別媒体のものも表示できるので、どこからの流入が多いのかが一覧で確認できるようになっています。

❷注文

　マーケティングキャンペーンによるネットショップの注文数の合計が表示されます。

❸売上

　マーケティングキャンペーンによるネットショップの売上金額の合計が表示されます。

❹費用

　マーケティングキャンペーンにかかった費用が表示されます。

❺マーケティング

　マーケティングキャンペーンの一覧が表示されます。

🛒 自動化

　Shopifyで行ったマーケティングオートメーションに伴う成果が表示されています（画面3）。

　たとえば、カゴ落ちメール（カートに商品を追加したあとにストアから離脱したユーザーに対し、購入を促すために送るメール）は、デフォルトで配信がONになっています。その他、Googleの「スマート ショッピングキャンペーン」など広告の掲載を自動化した場合に、このページに成果が表示されます。

▼画面3　自動化

❶セッション数

　Shopifyで自動化されたマーケティングキャンペーンによるネットショップのセッション数が表示されます。

❷注文

　Shopifyで自動化されたマーケティングキャンペーンによるネットショップの注文数の合計が表示されます。

❸売上

　Shopifyで自動化されたマーケティングキャンペーンによるネットショップの売上金額

の合計が表示されます。

❹費用

Shopifyで自動化されたマーケティングキャンペーンにかかった費用が表示されます。

❺自動化

自動化されたマーケティングの一覧が表示されます。

クーポンコードを発行しよう ～ディスカウント

「クーポンコード」を発行して特定のお客様に対して割引を適用したり、入力不要で全てのお客様に対して割引を適用する「自動ディスカウント」の設定方法を解説します。

「ディスカウント」からできること

「ディスカウント」では、クーポンコードの作成・管理と自動ディスカウントの設定ができます（画面1）。

クーポンコードはお客様がチェックアウト時に特定のコードを入力することで割引価格で商品を購入できる仕組みです。配送料を無料にしたり、商品Xを購入すると商品Yをプレゼントしたりといった割引とは別の形でお客様の購入を促すクーポンコードも作成できます。

▼画面1　ディスカウント

4

クーポンコードを作成する

　クーポンコードを作成するために、「ディスカウント」から、「ディスカウントを作成する」をクリックしてください（画面2）。

▼画面2　「ディスカウントを作成する」をクリック

　「クーポンコード」を選択します（画面3）。

▼画面3　「クーポンコード」を選択

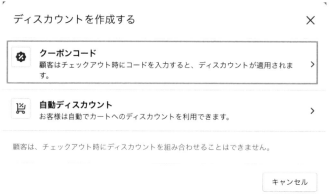

　「クーポンコード」の入力欄に半角英数字でクーポンコードを入力します（画面4）。もしくは「コードを生成する」をクリックすることで、ランダムな文字列を生成できます。

▼画面4　クーポンコードを入力、もしくはランダム生成する

クーポンコードの種類を選択します（画面5）。

▼画面5　クーポンの種類を選択する

・割引率…商品の割引額をパーセンテージで指定できます。
・定額…商品の割引額を金額で指定できます。
・無料配送…無料配送クーポンを作成できます。
・Xを購入するとYをプレゼント…商品Xを購入すると商品Yをプレゼントするディスカウントを作成できます。

　「割引率」又は「定額」を選択した場合は割引価格を設定します（画面6）。クーポンを利用できるコレクションや商品も指定できます。

▼画面6　「割引率」又は「定額」を選択した場合

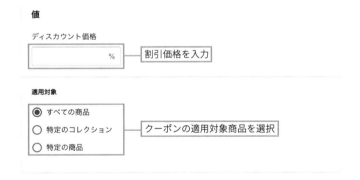

　「無料配送」を選択した場合は、無料配送を適用する国を設定します（画面7）。「一定額以上の配送料を除外する」にチェックを入れることで、送料が指定した金額を超える場合はクーポンの対象から除外できます。

▼画面7 「無料配送」を選択した場合

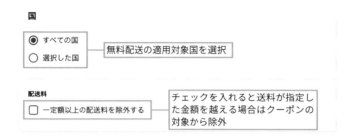

「Xを購入するとYをプレゼント」を選択した場合は、お客様が購入する商品と、ディスカウントが適用される商品を設定します（画面8）。

まずお客様が購入する必要のある商品の個数、又は金額を設定します。お客様が購入する商品はコレクションでの指定もできます。

ディスカウントが適用される商品も同じように設定します。「ディスカウント価格」で商品を割引価格で提供するか、無料で提供するか選択できます。割引価格で提供する場合は割引率をパーセンテージで入力してください。

「注文ごとに最大使用数を設定する」にチェックを入れると、一つの注文でお客様が利用するこのクーポンの使用数を制限できます。

▼画面8 「Xを購入するとYをプレゼント」を選択した場合

お客様が購入する

◉ 最低購入数量
◯ 最低購入額

数量 | 次のいずれかの商品

[　　　　　　] | [特定の商品　　　　　　　　　　　⇅]

🔍 商品を検索する | 閲覧する

→ お客様が購入する必要のある商品の設定

割引が適用される商品

お客様は下記の数量をカートに追加する必要があります。

数量 | 次のいずれかの商品

[　　　　　　] | [特定の商品　　　　　　　　　　　⇅]

🔍 商品を検索する | 閲覧する

ディスカウント価格

◉ 割引率
◯ 無料

[　　　　　％]

→ ディスカウントが適用される商品の設定

4

☐ 1回の注文で使用できる回数の上限を設定する

→ クーポンの使用数を制限する場合はチェックを入れます

商品価格の割引クーポンと送料無料クーポンの場合、お客様がクーポンを利用するために必要な最低購入額、又は最低購入数も設定できます（画面9）。

▼画面9　最小要件の設定

最小要件

◯ なし
◉ 最低購入額（¥）

[¥　0]

すべての商品に適用します。

◯ 最低購入数量

すべてのクーポンの種類に共通して、お客様の資格、利用制限、有効日を設定できます（画面10）。

　お客様がクーポンを利用するにあたり制限等を設ける場合はそれぞれ設定しておきましょう。

▼画面10　お客様の資格、利用制限、有効日の設定

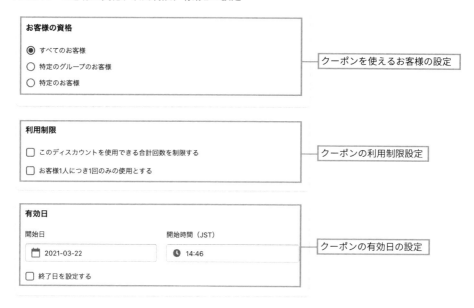

　「クーポンコードを保存する」又は「保存」をクリックすると、クーポンコードの情報が保存されます（画面11）。

▼画面11 「クーポンコードを保存する」又は「保存」ボタンをクリック

　クーポンコードが作成できたら、メールマガジンやネットショップのバナーでクーポンコードをお客様にお知らせしましょう。お客様がチェックアウト時にクーポンコードを入力することで、ディスカウントが適用されます。

　「宣伝する」から「共有可能なリンクを取得する」をクリックすることで、お客様がコードを入力しなくても自動的にクーポンが適用されるリンクも生成できます（画面12）。「リンクをコピーする」をクリックしてリンクをコピーし、お客様にメールやSMSで共有しましょう。

▼画面12　クーポンが適用されるリンクを取得

自動ディスカウントの作成

　自動ディスカウントとは、その名のとおり、お客様がネットショップ商品を購入したときに自動的に適用されるディスカウントのことです。**自動ディスカウントが適用されている注文には、他のクーポンコードを利用することはできません。**

　自動ディスカウントを作成するときは、「ディスカウント」から、「ディスカウントを作成する」をクリックします。

　ディスカウントの選択画面で「自動ディスカウント」を選択してください（画面13）。

▼画面13　「自動ディスカウント」を選択

自動ディスカウントのタイトル入力欄にタイトルを入力します（画面14）。このタイトルはチェックアウト時にお客様に表示されます。

▼画面14　自動ディスカウントのタイトル入力

自動ディスカウント

タイトル

例: 新年のプロモーション

お客様のチェックアウト時にカートに表示されます。

　自動ディスカウントの種類を選択します（画面15）。

▼画面15　自動ディスカウントの種類を選択する

タイプ

◉ 割引率

◯ 定額

◯ Xを購入するとYをプレゼント

　自動ディスカウントでは、以下の種類から選択できます。

・割引率…商品の割引額をパーセンテージで指定できます。
・定額…商品の割引額を金額で指定できます。
・Xを購入するとYをプレゼント…商品Xを購入すると商品Yをプレゼントするディスカウントを作成できます。

　通常のクーポンコードと同じ手順で設定します。
　「割引率」又は「定額」を選択し、ディスカウントが適用される商品やコレクションを指定する場合、最大100件までの商品もしくはバリエーションを登録できます。なお、ディスカウントをコレクションで登録した場合、コレクションに含まれる商品のバリエーションすべてにディスカウントが適用されます。
　「ディスカウントを保存」又は「保存する」ボタンをクリックすると、自動ディスカウントの情報が保存されます（画面16）。

▼画面16 「ディスカウントを保存」又は「保存する」ボタンをクリック

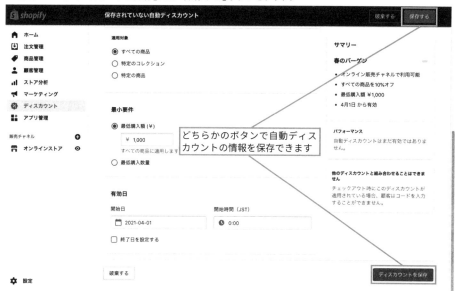

4-7 アプリを管理しよう ～アプリ管理

現在インストールしているアプリに関する情報は「アプリ管理」から確認できます。

「アプリ管理」でできること

管理画面で「アプリ管理」をクリックすると、Shopifyに追加したアプリが一覧で表示され、情報の確認やアプリのアンインストールができます（画面1）。

▼画面1　アプリ管理

アプリの情報を確認する

アプリ管理画面でShopifyで追加したアプリの概要やアクセス権限を確認できます。
情報を確認したいアプリの右にある「アプリについて」をクリックします（画面2）。

▼画面2　アプリについて

| fullbalance-store | Q 検索 | fA Adminfullbalance-store |

アプリ管理

Shopify アプリストアに行く

インストールされたアプリ

2個のアプリを表示しています

並び替え アプリ名 (A-Z) ↕

Digital Downloads　　　　　　　　　　アプリについて　削除

Shopify Email　　　　　　　　　　　　アプリについて　削除

新年に使用できるアプリ　　　　　　　　　　　　　　　　　　…

デザイン　　　　　　プラン　　　　　　配送　　　　　　帳簿

 インストールしたアプリを削除する

アプリの無料トライアル期間に使ってみたけれど合わなかった、使っていたけど不要に
なったといったときにはアプリを削除しましょう。
Shopifyからアプリを削除するときには、「アプリ管理」から削除したいアプリの右にあ
る「削除」をクリックします（画面3）。

▼画面3　アプリを削除

| fullbalance-store | Q 検索 | fA Adminfullbalance-store |

アプリ管理

Shopify アプリストアに行く

インストールされたアプリ

2個のアプリを表示しています

並び替え アプリ名 (A-Z) ↕

Digital Downloads　　　　　　　　　　アプリについて　削除

Shopify Email　　　　　　　　　　　　アプリについて　削除

新年に使用できるアプリ　　　　　　　　　　　　　　　　　　…

デザイン　　　　　　プラン　　　　　　配送　　　　　　帳簿

任意でアプリを削除する理由を選択してアンケートに回答し、「削除」ボタンをクリックします（画面4）。

▼画面4　「削除」ボタンをクリックするとアプリが削除される

　48時間以内にShopifyからアプリ開発者にアプリに利用した個人情報を削除するようにリクエストが送信されます。
　第2章から第4章では、Shopifyの基本機能やアプリの使い方といった基本的な内容について解説しました。次の章からは、ネットショップをより詳細にカスタマイズするための方法を解説します。

4

第 **5** 章

Shopifyテーマを
カスタマイズしよう

　Shopifyのテーマをカスタマイズすることで、トップ
ページやヘッダーに表示する内容を変更したり、サイト
全体の色や見せ方を設定できます。
　また、テーマの実態である"Liquid"というファイル
を操作することで、テーマ自体を作り変えたり、0から
自分のオリジナルテーマも作ることもできます。
　この章ではテーマの基本的なカスタマイズ方法から、
Liquidファイルを編集するときに必要なコード編集方法
を説明します。

5-1 Shopifyテーマの概要

ネットショップの外観（デザイン）を変更したり、画面に関わる機能を追加するためには、Shopify テーマをカスタマイズする必要があります。

カスタマイズ（修正）とは、全体の修正作業自体も指しますが、ここでのカスタマイズとは、Shopify のカスタマイズ機能を使ってデータを修正する作業を指します。

🛒 Shopifyテーマとは？

Shopifyテーマとは、Shopifyのデザインデータとその設定情報をまとめたものです（図1）。既定のデザインデータに対して写真などを設定するだけでストアが作れるので、雛形（テンプレート）と呼ばれることもあります。

▼図1　Shopifyテーマとは？

テーマには、このようなデザインや機能の設定情報が入っています。

Shopifyテーマは、無料のものから有料のものまで数多く公開されています。どれを使えば良いのか迷ってしまいますが、まずはShopify公式のテーマストア（画面1）に掲載されているテーマの中から選ぶことをおすすめします。

▼画面1　Shopifyテーマストア（https://themes.shopify.com/?locale=ja）

Shopifyのテーマストアで掲載されているテーマは、レスポンシブやSEO対策の対応など、Shopifyが設定した一定の基準を満たしているので、後から「必要な機能が無かった！」と困ることが少ないです。

🛒 Shopifyテーマのカスタマイズ方法

Shopifyテーマをカスタマイズする方法として、次の3つの方法があります。

1.テーマのカスタマイズ機能を使って、既定の内容を変更する
2.公式テーマ等の既存テーマのLiquidファイル等を修正する
3.自分で0からテーマを作成する

1.のテーマのカスタマイズ機能は、専門的な知識がなくても、Shopifyの管理画面上から簡単にネットショップのデザインや文言を変更できる便利な機能です。この機能だけでも、多くの場合「他サイトと同じようなデザイン」と感じさせることを少なくできるのがShopifyの大きなメリットです。

2.及び3.の場合、Liquidと呼ばれる言語の理解が必要になりますが、細かいデザインの変更や機能の実装ができます。HTMLやCSSの基本的な知識があれば難しいものではないので、テーマのカスタマイズ機能を超えた範囲で調整を行いたい場合はチャレンジしてみてください。

おすすめのShopifyテーマ

Shopifyのテーマストアで公開されているテーマはどれも素晴らしいですが、機能やデザインの面から特におすすめのものを厳選してご紹介します。

Prestige $180

有料のShopifyテーマの中でも特に人気のあるテーマで、洗練された美しいデザインと細かいところまでカスタマイズできる機能性が特徴です（画面）。

テーマストアはこちら

https://themes.shopify.com/themes/prestige/styles/allure

▼画面　Prestige

Warehouse $180

商品数が多いネットショップにおすすめのテーマです。階層メニューが実現できる商品一覧ページや商品の予測検索の機能など、ユーザーが目当ての商品を見つけやすい構成になっています（画面）。

テーマストアはこちら

https://themes.shopify.com/themes/warehouse/styles/metal

▼画面　Warehouse

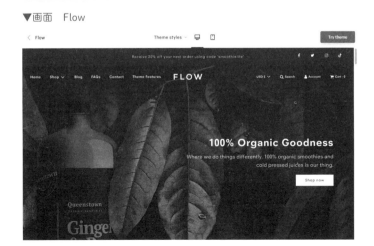

Flow $180

写真を大胆に大きく使ったデザインが印象的なテーマで、ビジュアルを重視したい場合におすすめのテーマです（画面）。

テーマストアはこちら

https://themes.shopify.com/themes/flow/styles/queenstown

▼画面　Flow

Narrative

　Narrativeは、無料とは思えないほどデザイン性が高いテーマです。シンプルでカスタマイズもしやすい構成なので、無料テーマの中では特におすすめのテーマです（画面）。

テーマストアはこちら

https://themes.shopify.com/themes/narrative/styles/earthy

▼画面　Narrative

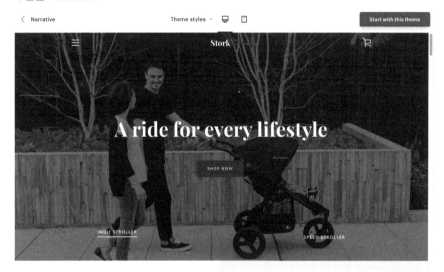

Shopifyテーマを カスタマイズしよう

Shopify テーマのカスタマイズ機能を使うことで、トップページに表示する内容を変更や ネットショップ全体の色味など、基本的なデザインやレイアウトの調整ができます。

テーマの基本的な操作

Shopifyのテーマは、管理画面の「オンラインストア」から「テーマ」を選択することで各 種操作ができます（画面1）。

▼画面1　テーマの操作

基本的な操作は、操作したいテーマの名前の右にある「アクション」から行います（画面 2）。

▼画面2 テーマアクション

❶表示する（プレビュー）…ネットショップを表示できます。

❷名前の変更…テーマの名前を変更できます。

❸複製する…テーマを複製します。カスタマイズやLiquid編集をする際は、本番用のテーマを複製し、複製したテーマ上で表示を確認したあとに公開をすると良いでしょう。

❹テーマファイルをダウンロードする…テーマファイルをダウンロードします。

❺コードを編集する…テーマのコードを管理画面上から編集できます。

❻言語を編集する…ネットショップに表示される文言の編集できます。たとえば、英語で表示されたままになっている箇所を手動で日本語に直したり、カートボタンの「カート」を「カートに入れる」に変更したりできます。

テーマのカスタマイズ画面

　それでは実際にテーマをカスタマイズしてみましょう。「カスタマイズ」をクリックでテーマのカスタマイズ画面に遷移します。

　Shopifyのカスタマイズ画面は画面3のようになっています。

　左側に表示されている項目は、使用しているテーマによって異なります。今回は「Debut」というShopifyの無料テーマを使用して解説していきます。

▼画面3　テーマのカスタマイズ画面

カスタマイズ画面では画面右側にプレビューが表示されます。

　左側のサイドバーでヘッダー、フッター、ページを構成する「商品一覧」や「スライドショー」などのセクションと呼ばれる要素の編集ができます。

ヘッダーの編集

まずはネットショップのヘッダーを編集してみましょう。

　左側のメニューで「ヘッダー」をクリックすることで、ヘッダーの編集項目が表示されます（画面4）。

▼画面4　ヘッダー編集画面

表示される項目はテーマによって異なりますが、Debutでは「ロゴ画像」や「メニュー」に関する設定が表示されます。

「ロゴ画像」の場合、この画面からロゴ画像をアップロードすることで、ページ上にロゴ画像を表示できます。また、「ロゴアラインメント」や「ロゴの幅をカスタマイズする」でロゴ画像をヘッダーのどの位置に表示するか、どれくらいのサイズで表示するかも調整できます。

フッターの編集

「フッター」をクリックすることでフッターの編集項目が表示されます(画面5)。

▼画面5　フッター編集画面

フッターの設定では、多くのテーマで表示する項目が選べる形になっています。「コンテンツを追加する」から追加するコンテンツを選択してみましょう。追加できるコンテンツには、テキストやリンクだけでなく、SNSアイコンやメールマガジンの登録フォームも含まれています。

実際にテキストやリンクを追加してみると以下のようなイメージになります(画面6)。

あなたの商品の名前
¥20

あなたの商品の名前
¥20

あなたの商品の名前
¥20

サンプルストア	商品カテゴリ	インフォメーション	メルマガ登録
月曜～金曜（祝日以外）	おすすめ商品	このサイトについて	メールアドレス
午前10:00～午後17:00	セール商品	プライバシーポリシー	
	ファッション	特定商取引法に基づく表記	登録する
お問い合わせは<u>こちら</u>	雑貨	お問い合わせ	

VISA　●●　AMERICAN　P　○)　―

© 2021, fullbalance-store Powered by Shopify

トップページに表示する内容を変更する

　Shopifyでは、そのページ固有のパーツ（トップページの「スライドショー」や「おすすめ商品」など）のことを"セクション"と呼びます。セクションを追加したり、セクションの設定を変更することで、各ページに表示する内容を変更できます。
　トップページにおすすめ商品を表示するセクションを追加してみましょう。
　セクションを追加するには、画面の「セクションを追加する」をクリックします（画面7）。

5

▼画面7　セクションを追加する

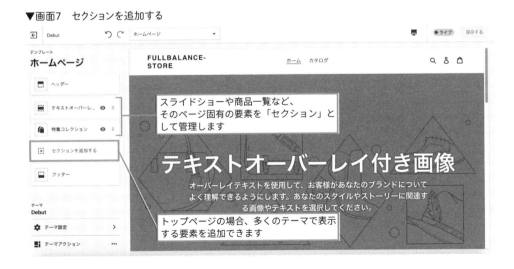

追加できる項目が表示されるので、商品情報を表示するためのセクションである「おすすめ商品」を選択しましょう（画面8）。

▼画面8 「おすすめ商品」を選択

「選択する」をクリックすることで、商品情報のセクションが追加されます（画面9）。

▼画面9 「選択する」ボタンをクリック

続いてセクションの編集画面（ここでは「おすすめ商品」の編集画面）が表示されます（画面10）。

▼画面10　「おすすめ商品」の編集画面

「商品を選択する」をクリックして、商品一覧の中から表示したい商品を選択しましょう（画面11）。

▼画面11　商品一覧から商品を選択

商品を選択したら画面下の「選択」をクリックすることで、登録された商品の画像や価格、テキストなどがショップ上に反映されます（画面12）。

▼画面12　「選択」をクリック

　トップページにおすすめ商品の情報を追加できました。このようにShopifyではトップページに表示する内容を管理画面から簡単に変更できます。

　テーマによっては、表示する商品の数を変更したり、左寄せ、右寄せなど、レイアウトの変更までできるものもあります。

　セクションの編集を行うことで簡単にサイトの構成を変更できますが、変更できる内容はテーマによって異なるので、**Shopifyのテーマを選ぶときは、「自分の使いたいセクションが用意されているか」や「表示内容の変更はどこまで可能か」を予め確認しておくと良いでしょう。**

 カスタマイズするページを切り替える

　トップページ以外のページを変更したい場合は、カスタマイズ画面の左上にあるセレクトボックスから、カスタマイズしたいページを選択します（画面13）。

たとえば、商品ページの場合は、商品画像の表示サイズやSNSシェアボタンの表示の有無を変更できます（画面14）。

▼画面14　商品ページのカスタマイズ画面

　コレクション（商品一覧）ページやブログページなども同様の手順で変更できるので、ページのデザインを変更したい場合は、まず使用しているテーマのカスタマイズ画面を確認してみましょう。

ストア全体の設定を変更する

フォントや色指定など、ストア全体に対する設定も確認してみましょう。
全体の設定は「テーマ設定」という項目から行います(画面15)。

▼画面15　テーマ設定

左側のメニューの下に表示されている「テーマ設定」をクリックするとテキストやボタンの色、フォントのスタイル、SNSなどの設定が表示されます(画面16)。

▼画面16　テーマ設定

試しにショップに使用する色の設定を変更してみましょう。「色」のタブをクリックすると
とテキストやボタンの色の設定画面が表示されます（画面17）。

▼画面17　色設定

　それぞれの色のパネルをクリックするとカラーパレットが表示されるので、バーを移動
させたり、任意の色の場所をクリックしたり、カラーコードを入力することでネットショッ
プ全体の色を一括で変更できます。

　このようにテーマのカスタマイズ機能では、全体の設定から個別のセクションまで管理
画面から簡単に変更ができるようになっています。商品やブランドの雰囲気に合わせて
テーマをカスタマイズしてオリジナルのショップを作成してみましょう。

5-3 Liquidの基礎知識

> Liquid ファイルを編集することで、カスタマイズ機能だけではできない、より細かなデザイン変更や機能の追加ができます。ここでは基本的な Liquid の書き方について解説します。

Liquidとは？

LiquidはShopify社が主となり開発したオープンソースのテンプレート言語で、Rubyという言語で書かれています。他のプログラミング言語のように構文があり、条件分岐やループなどの処理ができます（画面1）。

▼画面1　Liquid(https://shopify.github.io/liquid/)

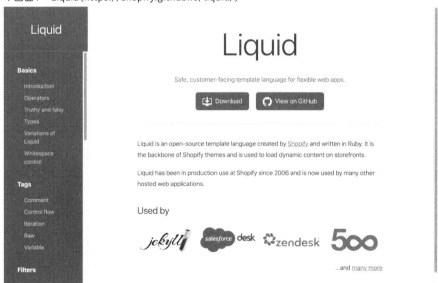

Shopifyのストア（テーマ）は、HTMLやCSS、JavaScript内にLiquid言語固有の命令を入れ込む形で組合せて構築していきます。HTMLやCSSの知識だけでも簡単なデザインの変更を行うことはできますが、詳細なカスタマイズをするためにはLiquidの理解が必須です。

🛒 Liquidの基本的な書き方

それでは、まず基本的なLiquidの書き方から見ていきましょう。

オブジェクトとプロパティ

ShopifyでLiquidを操作するときに一番よく利用するのが、オブジェクトとプロパティです。後の説で詳細を解説しますが、オブジェクトにはShopify内の商品情報や顧客情報などがデータの固まりとして入っており、そのオブジェクトの一部のデータをプロパティとして取得します。

たとえば、HTMLで見出しをつける際には、次のように記述します。

<h1>ページのタイトル</h1>

ShopifyのLiquidでは、次のように記述することで、Shopifyの管理画面で登録したページのタイトルを呼び出せます。

```
<h1>{{ page.title }}</h1>
    オブジェクト   プロパティ
```

「page」にある「title」データを出力するという記述になります。二重波括弧 {{ }} で囲うのはShopifyでデータを出力する際の決まった書き方なので覚えておきましょう。"."の前までを「オブジェクト」、その後ろを「プロパティ」と言います。

オブジェクトはShopifyに登録されているデータを呼び出すための変数で、page以外にもproductやcollectionなど様々な種類が用意されています。オブジェクトの種類については、次の節で詳しく説明をしています。

Shopifyのストアで何かのデータを表示したい場合、オブジェクトとプロパティを"."で繋いで、どこ(オブジェクト)のなに(プロパティ)を表示したいかという書き方をすることになります。

オブジェクトの詳細については、5-4節Objects(オブジェクト)を参考にしてください。

条件分岐や繰り返しなどの処理を行う

Liquidには条件分岐などのロジックや繰り返し処理(ループ)のための構文が用意されています。たとえば、詳細ページで登録した商品の画像を出力する場合の記述を見てみましょう。

HTMLだけで表現しようとすると、以下のようになります。

```
<img src="../img/image01.jpg">
<img src="../img/image02.jpg">
<img src="../img/image03.jpg">
….
```

　HTMLだけで表現しようとすると、画像の数だけimgタグを記述する必要がありますね。また、商品ページが複数ある場合は、その数だけ繰り返し同じような記述を書かなければいけなくなります。

　Liquidでこれを表現する場合、以下のように記述します。

```
{% for image in product.images %}
  <img src="{{ image | img_url: 'master' }}">
{% endfor %}
```

　Liquidの構文であるfor文を使うことで、同じような処理をまとめて3行で記述できます。上記の例の場合、商品画像が3枚登録されていれば3回、5回登録されていれば5回分、forの中の処理が繰り返されることになります。

　Liquidには、繰り返しの処理だけでなく条件分岐のif文などロジックの構文も用意されていますので、他のプログラミング言語に触れたことのある方にとっては、Liquidはとても馴染みやすい言語となっています。

フィルター

　フィルター機能を使うことで表示する内容を任意の形に変換できます。

　たとえば、先ほどのfor文のimgタグの部分を見てみましょう。

```
<img src="{{ image | img_url: 'master' }}">
```

　imageとパイプ（|）で区切られた「img_url: 'master'」の部分がフィルターです。ここでは出力する画像のサイズを定義しています。masterはオリジナルのサイズで出力する記述です。

　if文やfor文などの基本的な構文とオブジェクトやフィルター、タグといった概念をしっかりと理解しておけば、テーマファイルの編集も容易です。次の節からは、これらの概念についてもう少し詳しく触れていきます。

5-4 Objects（オブジェクト）

> ログインしている顧客の情報や、商品ページで表示されている商品情報など、Object（データの固まり）を参照することで、Shopify 内の様々なデータを取得し、表示できます。

オブジェクトの例

さっそく具体例を見てみましょう。先ほども説明をしましたが、Liquidのオブジェクトは、データの参照先を定義するオブジェクトと出力するデータの指定にあたるプロパティに分かれています。

```
{{ product.title }}
```

productというオブジェクトによって、商品に関するデータを取り出します。この場合はtitleというプロパティを繋げることで、商品名を出力します。

```
{{ blog.url }}
```

blogというオブジェクトによって、ブログ一覧に関するデータを取り出します。この場合はurlというプロパティを繋げることで、ブログの一覧ページのURLを出力します。
複数形のプロパティの場合は、データのリストを取り出します。
{% for %}などのタグを使った記述により、含まれているデータを繰り返し出力します。
商品の画像リストを出力する場合、以下のようになります。

```
{% for image in product.images %}
  <img src="{{ image | img_url: '500x' }}">
{% endfor %}
```

このコードで商品情報に含まれる画像を横幅500pxで表示させられます。その商品に10枚の画像が登録されていたら10枚の画像を表示させます。

画像サイズの指定方法

　画像サイズの指定をする際、幅のみを指定する場合は「500x」、高さのみを指定する場合は「x500」といった書き方をします。画像の縦横比は保ったまま、指定の幅もしくは高さに合わせて画像のサイズを指定できます。

オブジェクトの種類

　オブジェクトには表1に示すものがあります。

▼表1　オブジェクトの種類

利用可能なテンプレート元	オブジェクト	説明
すべてのテーマファイル	article	記事詳細ページのURLやタイトルなどの情報を出力するオブジェクトです。
	cart	カートに入っている情報を出力するオブジェクトです。
	blog	記事一覧ページのURLやタイトル（記事のカテゴリー）などの情報を出力するオブジェクトです。
	collection	コレクションの情報を出力するオブジェクトです。
	customer	アカウントを持っているお客様の名前やメールアドレスなどの情報を出力するオブジェクトです。
	linklist	メニューの情報を出力するオブジェクトです。
	page	固定ページのURLやタイトルなどの情報を出力するオブジェクトです。
	request	お客様がアクセスしているドメインや、アクセスされているページのURLの情報などを出力するオブジェクトです。 お客様の国によって複数のドメインを使っている場合に、ドメインによって言語を変える場合などに有効です。
	recommendations	お客様へのおすすめ商品などの情報を出力するオブジェクトです。
	script	ストアで公開されているShopifyスクリプトの情報を出力するオブジェクトです。
	shop	ネットショップのURLや住所などの情報を出力するオブジェクトです。
	template	テンプレートのファイル名やディレクトリなどの情報を出力するオブジェクトです。
	theme	テーマの名前やIDなどの情報を出力するオブジェクトです。
checkout.liquid	checkout	Shopify Plusを契約している場合、checkout.liquidを編集する際に、チェックアウトの情報を出力することのできるオブジェクトです。
customer order、notification	discount application	注文に適用される割引について示したオブジェクトです。
	discount allocation	割引がそれぞれの商品にどのように適用されるかについての情報を示したオブジェクトです。

collection.liquid、blog.liquid	current_tags	商品タグはコレクション内の商品を絞り込むため、記事タグはブログ記事の記事を絞り込むためのみに使用します。current_tagsはcollection.liquid、blog.liquidのどちらでも使用することができます。
customer	customer_address	アカウントを持っているお客様の住所の情報を出力するオブジェクトです。
gift_card	gift_card	ギフトカードの情報を出力するオブジェクトです。「設定」の「通知」から「ギフトカードの作成」を開いて表示されるメール作成画面で使用することができます。
linklist	link	リンクの情報を出力するオブジェクトです。linklistオブジェクト内で使用できます。
customer.orders、Print Orderなど	order	お客様の注文の支払状況やキャンセルなどの情報を出力するオブジェクトです。
product	product	商品の名前や価格などの情報を出力するオブジェクトです。
search	search	お客様が検索をしたときに検索結果を出力するオブジェクトです。
特定の場合	Other Objects	その他例外的に下記Objectがあります。additional_checkout_buttons:content_for_additional_checkout_buttons:
処理・計算	address	お客様の住所の情報を出力するオブジェクトです。オブジェクトとして、shipping_address（配送先住所）かbilling_address（請求先住所）かを指定します。
	block	セクションの中のブロックの情報を出力するオブジェクトです。
	comment	記事などへのコメントの情報を出力するオブジェクトです。
	currency	ネットショップの通貨の情報を出力するオブジェクトです。
	Content Objects	line_itemとは、カート画面で商品名、単価、数量など、商品ひとつに対して一行表示される情報を出力するオブジェクトです。
	country_option_tags	国ごとのオプションタグを作成します。
	form	<form></form>の中で使うフォーム用のオブジェクトです。
	font	フォントの情報を出力するオブジェクトです。
	forloop	for文の中でのみ使用することができます。
	image	画像の情報を出力するオブジェクトです。
	fulfillment	フルフィルメントの情報を出力するオブジェクトです。
	line_item	line_itemとは、カート画面で商品名、単価、数量など、商品ひとつに対して一行表示される情報を出力するオブジェクトです。
	metafield	メタフィールドの情報を出力するオブジェクトです。
	paginate	ページ数や次のページへのリンクなど、ページネーションの情報を出力するオブジェクトです。
	product_option	商品のバリエーションの配列情報を出力するオブジェクトです。

5

処理・計算	routes	例えばアカウントのログインページであれば「/account/login」といった、動的なURLを生成することができるオブジェクトです。
	section	セクションのプロパティや値の設定などの情報を出力するオブジェクトです。
	shipping_method	送料や発送方法などの情報を出力するオブジェクトです。
	tax_line	税率や実際にかかる税金など、税の情報を出力するオブジェクトです。
	shop_locale	ネットショップの国や国コードなどの情報を出力するオブジェクトです。
	tablerow	<table></table>の中で繰り返し処理をしてテーブルを生成するときに使うオブジェクトです。
	transaction	支払い方法などの取引情報を出力するオブジェクトです。
	variant	商品のバリエーションの価格や画像などの情報を出力するオブジェクトです。

「ページ上に指定した要素を表示する」という最も基本的な記述になりますので、オブジェクトの種類を把握することが、Liquidの理解を深めるための第一歩です。知っているオブジェクトが増えてくると、知らず知らずのうちにテーマファイルに書かれている記述の意味がわかるようになってきます。すべてを一度に覚える必要はありませんが、一つ一つ確実に使えるオブジェクトを増やしていきましょう。

また、サイト上で使用できるオブジェクトの一覧が確認できる「Shopify Cheat Sheet」というものもありますので、「これはどうやって表示したら良いんだろう？」と悩んだ時は以下のページも参考にしてみてください。

https://www.shopify.com/partners/shopify-cheat-sheet

5-5 Tags（タグ）

Liquid 内でプログラムの様な制御を実現するために、特殊なタグを利用します。タグはたとえば Object から取得した情報を繰り返しで取り出し、画面に表示するなどに使用します。

タグの種類

Liquidのタグは大きく次の4つに分類されます。

繰り返し

命令を繰り返し実行するタグです。先ほどから紹介をしているfor文が代表的な例になります。

{% for %}〜{% endfor %}

コードを繰り返し実行します。

例：
```
<h1>{{ collection.title }}</h1>
{% for product in collection.products %}
  <p>{{ product.title }}</p>
{% endfor %}
```

出力結果：
```
<h1>カレーメニュー</h1>
<p>ビーフカレー</p>
<p>チキンカレー</p>
<p>インドカレー</p>
```

コレクションに含まれている商品数分だけ商品名を出力しています。

テーマタグ

特定のHTMLを出力する場合や予め作成をしたLiquidのファイルをテンプレート内の特定のテンプレート内で出力する際に使用するタグになります。

{% section %}

Sectionsに含まれているファイルを引用できます。違うページに同じ内容のセクションを表示したいときに便利です。

例：
```
{% section 'header' %}
```

Sectionsというディレクトリに格納されているheader.liquidの内容を挿入できます。

{% form %}〜{% endform %}

予め設定された特定のフォームタグ（<form></form>）をテンプレート内に呼び出せます。

例：
```
{% form 'customer' %}
...
{% endform %}
```

上記の例の場合、顧客登録用のフォームタグを出力します。その他にも商品をカートに追加する'product'やログインページ用の'customer_login'など、一般的なECサイトで使用が想定される内容はLiquidのformタグを使うことで簡単に呼び出せます。

{% comment %}〜{% endcomment %}

コードの可読性を高めるためにコード内だけで参照できるコメントを追加したり、特定の箇所を削除せず一時的に非表示にしたい場合などはcommentタグを使用します。

例：
```
{% comment %}
  この中はページ上に表示されません
{% endcomment %}
```

条件分岐

条件分岐による命令を実行するときに使用するタグです。{% if %}や{% unless %}などが代表例になります。

{% if %}～{% endif %}、{% elseif %}、{% else %}

条件を指定し、その条件が満たされているときのみ命令が実行されるようにします。

例：
```
{% if product.title == 'カレー' %}
  カレー販売中です。
{% elseif product.title == 'ナン' %}
  ナン販売中です。
{% else %}
  準備中です。
{% endif %}
```

商品名が「カレー」だった場合は「カレー販売中です。」、商品名が「ナン」だった場合は「ナン販売中です。」と表示します。また、{% if %}と{% endif %}の間に{% elsif %}という記述を追加することで、条件を増やすことができます。{% else %}はいずれの条件にも当てはまらなかった場合の指定になります。上の例では、商品名が「カレー」でも「ナン」でもなかった場合は「準備中です。」と表示します。

{% unless %}～{% unless %}

if文の反対で、条件を指定し、その条件が満たされていないときのみ命令が実行されるようにします。

例：
```
{% unless product.title == 'カレー' %}
  カレーはありません。
{% endunless %}
```

商品名が「カレー」ではなかった場合、「カレーはありません。」と表示します。

演算子

変数やオブジェクトのプロパティを元に処理を条件で分岐するときに、演算子を使います。Liquidで使用できる演算子には以下のようなものがあります（表1）。どれも非常に重要なのでここで覚えておきましょう。

==	等しい
!=	等しくない
>	より大きい
<	より小さい
>=	等しいかより大きい
<=	等しいかより小さい
or	又は
and	かつ
contains	文字列内の一部の文字列、又は配列内の要素含む

変数

変数とは、数字や文字を一時的に保存するための箱の様なものです。Liquidでは、{% assign %}や{% capture %}を使って定義します。

{% assign %}

特定の文字列に値を代入することで、変数を定義します。

例：
```
{% assign favorite_food = 'カレー' %}
私の好きな食べ物は{{ favorite_food }}です。
```

"favorite_food"に"カレー"という文字列が代入されているので、ページ上には「わたしの好きな食べ物は{{ favorite_food }}です。」ではなく、「わたしの好きな食べ物はカレーです。」と表示されます。

{% capture %}〜{% endcapture %}

captureはassignよりも広く複雑なものを収納できる箱のようなイメージです。具体例を見てみましょう。

例：
```
{% assign favorite_food = 'カレー' %}
{% assign favorite_drink = 'ラッシー' %}
{% capture my_favorite %}
私の好きな食べ物は{{ favorite_food }}で、好きな飲物は{{ favorite_drink }}です。
{% endcapture %}
```

```
{{ my_favorite }}
```

　この例の場合、出力される内容は「私の好きな食べ物はカレーで、好きな飲物はラッシーです。」となります。captureは中にassignが複数あるなどにも使用できます。

　Liquidのタグを使いこなせるようになると、複雑な条件の指定や繰り返しの処理ができるようになり、より複雑なテーマの編集が可能になります。

　他のプログラミング言語に触れたことのある方にとっては理解のしやすい内容になっているのではないでしょうか。本格的なプログラミングが初めてという方も、まずは簡単な記述から実際にストア上で試してみると感覚が掴めると思いますので、諦めずにチャレンジしてみてください。

5-6 Filters（フィルター）

フィルター機能とは、文字や画像の変数やオブジェクトに対して加工を行う機能です。
フィルター機能を使うことで、文字列や画像 URL などのデータを加工できます。
Liquid では変数にパイプ | で命令を繋げることで変数を加工できます。

フィルターの例

フィルターは、オブジェクトや変数の値を変更する際に使用します。たとえば、日付を変更したい場合に「January 30th, 2021」を出力されるところを「2021年1月30日」など出力される値を自分が表示したいフォーマットに沿って変更できます。

具体的な書き方を見てみましょう。Liquidのフィルターは、オブジェクトの出力を表す二重波括弧{{ }}の中でパイプ（|）を使って記述します。たとえば、先ほどの日付のフォーマット変更の例の場合、以下のように記述します。

```
{{ article.published_at | date: "%Y年 %m月 %d日" }}
```

「article.published_at」はShopifyのブログ記事の投稿日を出力するオブジェクトです。そのオブジェクトに対して「|」以降の記述で、出力する日付のフォーマットを指定しています。

フィルターの種類

Liquidのフィルターは、大きく次の10種類に分類されます。

General Filters

先ほどの例でもあげた「date」を含む、書式の設定やShopifyデフォルトのHTMLを出力する「default_pagination」などがここに分類されます。

date

日付の表示形式を変換する際に使います。

例：
```
{{ article.published_at | date: "%a, %b %d, %y" }}
```

ブログ記事を公開したときに、「Mon, Apr 1, 20」の形で公開日が出力されます。

default_pagination

デフォルトのページネーション用HTMLを出力します。

入力例：
```
{{ paginate | default_pagination }}
```

出力例：
```
<span class="page current">1</span>
<span class="page"><a href="/collections/all?page=2" title="">2</a></span>
<span class="page"><a href="/collections/all?page=3" title="">3</a></span>
<span class="deco">&hellip;</span>
<span class="page"><a href="/collections/all?page=17" title="">17</a></span>
<span class="next"><a href="/collections/all?page=2" title="">Next &raquo;</a></span>
```

5

　0から作ると複雑になりがちなページネーションも、Liquidのタグを使うことで簡単に出力できます。

Array Filters

　配列（複数のデータが格納された箱）に関するフィルターです。データの一覧から最初のデータだけを出力する「first」などが存在します。

first

ある配列のうち、最初にあるものを返します。

例：
```
<!-- product.tags = "curry", "rice", "naan", "lassie" -->
{{ product.tags | first }}
```

product.tagsのうち、最初にある「curry」だけがページ上に出力されます。

join

配列のデータとデータの間に文字列を挿入します。

入力例：
```
<!-- product.tags = "curry", "rice", "naan", "lassie" -->
{{ product.tags | join: ', ' }}
```

出力例：
```
curry, rice, naan, lassie
```

product.tagsのデータとデータの間に「,」が挿入された形で出力されます。

Color Filters

カラーコードを変換して出力できるフィルターです。color_to_rgbやcolor_to_hslなどがColor Filtersに分類されます。

color_to_rgb

カラーコードをRGB形式に変換します。不透明度が指定されている場合は、RGBA形式に変換されます。

例：
```
{{ '#834b8f' | color_to_rgb }}
```

「rgb(131, 75, 143)」と出力されます。
不透明度が指定されている場合は以下のようになります。

```
{{ 'hsla(289, 31%, 42%, 0.5)' | color_to_rgb }}
```

「rgba(131, 75, 143, 0.5)」と出力されます。

Font Filters

Shopify CDNにあるフォントにアクセスするURLなどを作成するフィルターです。Font Filtersにはfont_face、font_modify、font_urlがあります。

font_url

引数として指定したフォントのCDNのURLを返します。

例：

```
{{ settings.heading_font | font_url }}
```

出力結果：

```
https://fonts.shopifycdn.com/neue_haas_unica/neuehaasunica_n4.8a2375506d3dfc7b1867
f78ca489e62638136be6.woff2?hmac=d5feff0f2e6b37fedb3ec099688181827df4a97f98d2336515
503215e8d1ff55&host=c2hvcDEubXlzaG9waWZ5Lmlv
```

HTML Filters

　Assetsに含まれているファイルをHTMLタグで囲って出力するフィルターです。img_tagやscript_tagなどがHTML Filtersに分類されます。

img_tag

　指定したファイルをimgタグで出力します。

例：

```
{{ 'image.png' | asset_url | img_tag }}
```

出力結果：

```
<img src="URLが入ります/assets/image.png" alt="" />
```

　ちなみに、以下のように記載した場合も同様の結果が出力されますので、自分の使いやすい方で記述をしてください。

```
<img src="{{ 'image.png' | asset_url }}">
```

Media Filters

　商品のメディアのURLを生成するフィルターです。画像だけでなく、動画や3DモデルなどもMedia Filtersで処理できます。img_urlやimg_tagなどがMedia Filtersに分類されます。

img_url

　メディアオブジェクトと一緒に使うと、メディアのプレビュー画像のURLを作成します。

　メディアよりも小さい画像サイズを指定すると、そのサイズの画像が用意されます。サイズを指定しない場合は100px×100pxの小さいサイズの画像が用意されます。

5

例：
```
{% if product.featured_media.media_type == "video" %}
  {{ product.featured_media | img_url: 500x500 }}
  {{ product.featured_media | img_url }}
{% endif %}
```

　上記のコードでは、メディアの種類がvideoだった場合にプレビュー画像が表示されます。

　サイズを指定した場合は500px×500pxの画像のURLが出力されます。サイズを指定していない場合はsmall（100px×100px）の画像のURLが出力されます。

Math Filters

　数字の出力に関するフィルターです。複数使用する場合は、左側に書かれたフィルターから順に適用されます。at_leastやfloorなどがMath Filtersに分類されます。

at_least

　数値を最小値として制限します。

例：
```
{{ 2 | at_least: 5 }}
{{ 2 | at_least: 1 }}
```

　上記のコードでは2が最小値となります。よって、1行目の記述では「5」、2行目の記述では「2」が出力されます。

floor

　数値の小数点以下を切捨てて出力します。

例：
```
{{ 5.8 | floor }}
{{ 5.1 | floor }}
```

　1行目と2行目ともに「5」が出力されます。

Money Filters

　商品の価格を、管理画面で設定した通貨表示方法に応じて出力するフィルターです。
　「設定」の「一般設定」から、「ストア通貨」で「形式を変更する」をクリックするとネット

ショップの通貨表示方法を設定できます（画面1）。

▼画面1　ストア通貨の設定

moneyやmoney_with_currencyなどがMoney Filtersに分類されます。

money

「通貨のないHTML」で設定した表示方法に合わせて価格を出力します。

例：

```
{{ 500 | money }}
```

「ストア通貨」が「Japanese Yen (JPY)」、「通貨のないHTML」が「¥{{amount_no_decimals}}」と設定されていれば、「¥500」と出力されます。

String Filters

文字列を変換して出力するフィルターです。指定の文字列を追加するappendや反対に削除するremoveなど、よく使うので覚えておきましょう。

append

出力される値に指定の文字列を追加します。

例：
```
{{ 'curry' | append: '.jpg' }}
```

"curry"という値に".jpg"が追加され「curry.jpg」という文字列が出力されます。

remove

appendの反対で、出力される値から指定の文字列を取り除きます。

例：
```
{{ 'curry.jpg' | remove: '.jpg' }}
```

"curry.jpg"という値から".jpg"が取り除かれ「curry」という文字列が出力されます。

camelcase

複合語をダッシュ(-)で区切った文字列の単語の先頭を大文字にして出力します。

例：
```
{{ 'curry-and-rice' | camelcase }}
```

「CurryAndRice」と出力されます。タグ付のルール(小文字で統一するなど)があるときなど、ページ上に出力される値を変更したい場合に便利ですね。

URL Filters

Shopify上にアップロードされたファイルのリンクを出力するためのフィルターです。asset_img_urlやlink_toなどがURL Filtersに分類されます。

asset_img_url

Assetsに含まれている画像のURLを出力します。asset_img_urlでは画像のサイズも指定できます。

例：
```
{{ 'curry.png' | asset_img_url: '300x' }}
```

curry.pngのURLが出力されます。また、この場合は幅を300pxと指定しているので、幅が300pxになるように調整された画像となります。

5-7 Schema（スキーマ）

Schema は Shopify のカスタマイズ画面で編集できる項目を設定するために使用します。
たとえばストアの背景色、文字色を設定する「項目」自体を作れます。
Schema を作ることで、画像やテキストの差し替えを行うときに Liquid のコードを触らなくてもネットショップを修正できます。

🛒 Schemaでできること

Schemaでは画像やテキストの他に、URL、色の変更、チェックボックスによる要素の表示/非表示の切替、ブログやコレクションを選択して表示するなどの独自のカスタマイズ項目を追加・編集できます（画面1）。

▼画面1　カスタマイズ画面

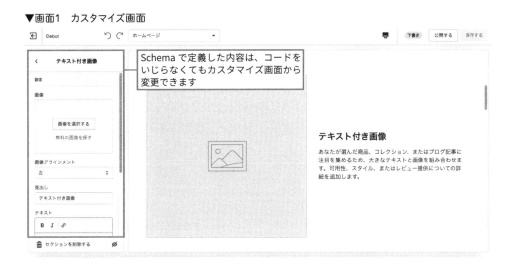

🛒 Schemaの書き方

Schemaは基本的にSectionsに入っているファイルの中で、{% schema %}と{% endschema %}というタグの間に設定内容を記述していきます。シンプルな例を挙げる

と以下のような形になります。

```
{% schema %}
{
  "name": "テキストボックス",
  "settings": [
    {
      "type": "text",
      "id": "id_text",
      "label": "テキスト",
      "default": "テキストを入力してください"
    }
  ],
  "presets": [
    {
      "category": "テキスト",
      "name": "テキストボックス",
      "settings": {}
    }
  ]
}
{% endschema %}
```

Tips

書き方の注意

　SchemaはJSONフォーマットで書かれています。記述方法に間違いがあるとエラーが発生して、保存ができません。そのような場合は、ダブルクォーテーションマークで文字を囲んでいるか、コンマの位置・数が正確かどうかなど、確認してみてください。

Schemaの設定項目

　Schemaで編集項目を設定するには、規定の設定項目を追加していく必要があります。ここでは、どのような設定項目があるのかを説明していきます。
　各項目の詳細に進む前に次の図でSchemaの全体像をつかんでおきましょう（図1）。

▼図1　Schema

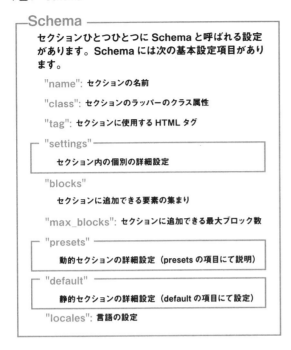

name

　nameの項目では、セクションの名前の設定をします。「セクションを追加する」でセクションを選択する際に表示される、「現在の選択」（画面2）にてnameを確認することができます。

```
{% schema %}
  {
    "name": "マップ（name）"
  }
{% endschema %}
```

▼画面2　nameでセクション名の指定

class

セクションラッパーにクラス属性を追加したい場合には、この項目にクラス名を加えます。下記のように設定することで、テーマに指定したクラスが追加されます（画面3）。

```
{% schema %}
  {
    "name": "マップ (name)",
    "class": "index-section index-section--flush-medium-up"
  }
{% endschema %}
```

▼画面3　HTMLエレメント

```
▼<div id="shopify-section-161897411238cac1ac" class="shopify-section index-section index-section--flush-medium-up"
data-shopify-editor-section="{"id":"161897411238cac1ac","type":"map","disabled":false}">
```

tag

セクションラッパーに使用されるHTMLタグを指定することができます。

```
{% schema %}
  {
    "name": "マップ (name)",
    "tag": "section"
  }
{% endschema %}
```

下記のHTMLタグをこの項目で指定することができます。何も指定しない場合は、div がデフォルトで指定されます。

- article
- aside
- div
- footer
- header
- section

settings

settingsの項目ではセクションの細かな設定を行うための記述をすることができます。セクションに追加する画像やテキストのインプット項目を置くことで、テーマ作成の幅を大きく広げることができます。

図2は、settingsの構造を簡潔に説明したものです。

▼図2　settings

※この例では、アイテムが6つあります

それでは、実際のコードでどのように記述するのかを見てみましょう。

```
{% schema %}
  {
    "name": "テキストボックス",
    "settings": [
     {
        "type": "text",
        "id": "id_text",
        "label": "テキスト",
        "default": "テキストを入力してください。"
     }
    ]
  }
{% endschema %}
```

実際にセクションを選択して設定項目を見てみると、先ほど「settings」に入力した内

容が反映されていることがわかります（画面4）。

▼画面4　Schemaによって作成されたカスタマイズ項目

　settingsを設定する際には注意する点がいくつかあります。

　1つ目は、それぞれのアイテムのIDはセクション内のその他のアイテムのIDと同じになってはいけないことです。これは、通常のHTMLの記述ルールと同様になります。ですが、別のセクションにあるアイテム設定のIDには同じものを使うことは可能になっています。

　2つ目の注意点は、settingsの記述方法についてです。先ほどのコード例に書かれているように、"settings"を囲む際にはブラケット［］で囲むことを間違えないようにしてください。

　最後にそれぞれのアイテム設定を記述する際に、必須となるプロパティが存在します。たとえば、"type"が"text"だった場合、"type"、"id"、"label"が必ず指定されていないといけません。下記のようにSchemaで使えるtypeは複数あるので、どのプロパティが必須なのかわからなくなってしまったときには、Shopifyの開発者向けドキュメント（https://shopify.dev/docs/theme/settings）を参考にしてください。

・text…1行のテキストを入力できます。
・textarea…複数行のテキストを入力できます。
・richtext…太字や斜体、リンクを埋め込んだテキストを入力できます。
・select…セレクトボックスを作成して用意した項目の中から選択できるようにします。
・color…カラーピッカーから色を選択できます。
・url…リンク付きのテキストを入力できます。

blocks

　セッションにはブロックという要素を追加することができます。ブロックとは、ここまで行ってきた「セクション」に対する設定をさらに細かく分けて、コンテンツや設定への変更を同様に行える要素のことです。

　ブロックとセクションの設定の大きな違いは、ブロックは要素の追加、順番の変更、削除を行うことができることです。

```
{% schema %}
  {
    "name": "テキストボックス",
    "settings": [
      {
        "type": "header",
        "content": "テキスト"
      },
      {
        "id": "heading",
        "type": "text",
        "label": "見出し",
        "default": "ストアの場所"
      }
    ],
    "blocks": [
      {
        "type": "image",
        "name": "画像",
        "limit": 2
      },
      {
        "type": "text",
        "name": "ブロックのテキスト",
        "settings": [
          {
            "id": "block_text",
            "type": "text",
            "label": "ブロックのテキスト"
          },
          "limit": 4
      }
    ]
  }
{% endschema %}
```

このように記述すると、先ほどまで表示されていたセクションの設定の上にコンテンツという項目が追加されます（画面5）。

この「コンテンツを追加する」をクリックすることで、設定していたブロックの要素を選択して追加できます。

▼画面5　"blocks"を追加

ブロックには、"limit"というプロパティを設定することで、そのブロックの配置できる上限を決めることができます。

画面6の例では、画像のブロックには2、ブロックテキストには4が設定されているのが確認できます。

▼画面6　それぞれのブロックの上限の設定

max_blocks

max_blocksでは、ブロックの総数を変更することができます。ブロックの"limit"プロパティとは別の設定で、blocksで配置されたすべての種類（セクション内）のブロックの総数であることを間違えないようにしてください。

また、"max_blocks"は、blocks内ではなく、セクションの"name"や"class"と同じ階層に記述することを忘れないようにしてください。

presets

presetsの項目をセクションに設定しておくと、そこで設定した内容が「動的セクション」となります。プログラミングの経験があまりない場合、「動的」と言われてもピンとこない部分もあると思います。

そこで動的セクションとはどういうものなのかを例を使って説明します。次のコードには、presetsの項目が設定してあります。

```
{% schema %}
  {
    "name": "マップ（name）",
    "settings": [
      {
        "type": "header",
        "content": "テキスト"
      },
      {
        "id": "heading",
        "type": "text",
        "label": "見出し",
        "default": "ストアの場所"
      }
    ],
    "presets": [
      "name": "マップ（presets）",
      "category": "ストア情報"
    ]
  }
{% endschema %}
```

画面7と画面8を比較した場合に、presetsを設定した方には、ストア情報というカテゴリーのマップ（presets）というセクションが追加されているのがわかると思います。

この場合、テーマを使用するマーチャントが好きなようにセクションを追加したり、削除することができるようになります。また、セクションを追加する際にliquidファイルを

編集する必要がありません。このようにファイルの編集をすることなく、内容を自由に変更できるものを「動的」と呼び、presetsで設定した項目は変更が効くセクションとなるので、「動的セクション」になったということになります。

　これとは反対に「静的」にセクションを設定する場合もあります。そのようなときには、次項で説明するdefaultの項目を使って設定することになります。

▼画面7　presetsを設定しない場合

▼画面8　presetsを設定した場合

presetsを設定する場合には、下記の項目が必須となります。

・name… 「セクションを追加する」に表示されるセクションの名前
・category… セクションがどのカテゴリーに属するかの設定

　その他にもpresetsにはsettingsとblocksの項目を設定することができます。presetsでこれらの設定を追加した場合、デフォルトの値が上書きされます。次のコードの例で確認してみましょう。

```
{% schema %}
  {
    "name": "マップ (name)",
    "settings": [
      {
        "type": "header",
        "content": "テキスト"
      },
      {
        "id": "heading",
        "type": "text",
        "label": "見出し",
        "default": "ストアの場所"
      }
    ],
    "presets": [
      "name": "マップ (presets)",
      "category": "ストア情報",
      "settings": {
        "heading": "Presetsにてheadingのデフォルト設定"
      }
    ]
  }
{% endschema %}
```

presetsに新たに"settings"の項目、その中にheadingを追記しました。これでセクションを確認してみると画面9のようになっています。

▼画面9　presetsでのデフォルト値の設定

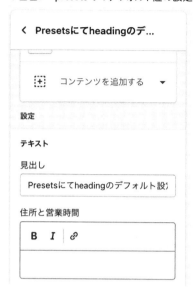

　見出しのテキストがpresetsで設定したものに上書きされています。今回は、例として
presetsの値と"settings"の"default"で指定した値を違うものにしましたが、この2つ
を同じに設定する場合が多いです。

　また、presetsでのsettingsの記述方法はセクションの"settings"の項目で説明した
方法とは違うということに注意する必要があります。次の項目が主な点となります。

・presetsのsettingsに記述する項目は、"settings"にそのアイテム設定が存在する必
　要がある
・presetsのsettingsでは {} で項目を囲む

```
"settings": [
  {
    "id": "heading",              <---このidをpresetsのsettingsのプロパティ名として使用
    "type": "text",
    "label": "見出し",
    "default": "見出しの例"
  }
],
"presets": [
  "name": "セクション名",
  "category": "カテゴリー名",
  "settings": {
    "heading": "Presetsでの見出しの例"    ←―プロパティが"settings"に存在する必要がある
```

```
    }
  ]
```

この書き方の違いはJSONフォーマットの記述方法からくるものですが、簡単に説明します（図3）。

▼図3 "settings"の書き方の違い

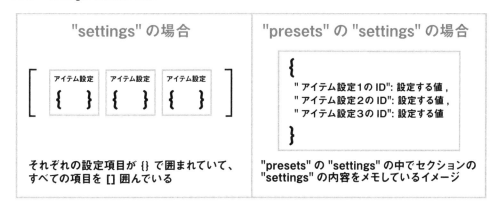

これらの違いに注意しながら、presetsの設定を行いましょう。

default

presetsの項目で説明したように、defaultでは静的に設置されるセクションのデフォルト値を設定することができます。

「静的」に設置するというのは、具体的にいうとliquidファイルに下記のように記述することのことです。

```
{% section 'sidebar' %}
```

この場合、マーチャントはテーマカスタマイズページの「セクションを追加する」から変更を行うことができないので、「静的セクション」ということになります。

defaultの記述方法は、presetsと同じになります。

locales

localesを使用することでセクションの中で多数の言語設定を行うことができます。Schemaにlocales設定すると、テーマのlocalesディレクトリーの翻訳ファイルを使用する必要がなくなります。記述方法は、次のように言語を指定してから、翻訳するテキス

トを記述していきます。

```
{% schema %}
  {
    "name": "マップ",
    … その他の設定項目…,
    "locales": {
      "en": {
        "title": "Welcome"
      },
      "ja": {
        "title": "ようこそ"
      }
    }
  }
{% endschema %}
```

　このようにセクションのファイルにSchemaを追加することで、テーマ作成の表現の幅が大きく広がります。ここで説明したことを参考にして素敵なテーマを作成してみてください。

　より細かい詳細を知りたい場合は、次のShopifyの開発者向けドキュメントを参考にしてみてください。

https://shopify.dev/docs/themes/settings
https://shopify.dev/docs/themes/sections

5-8 テーマのディレクトリ構造

Shopify のテーマは、目的に合わせディレクトリ名が決まっています。それぞれサブディレクトリを作ることはできないので、ファイル数が増えたときを想定し、管理しやすいファイル名を付けるようにしましょう。

🛒 Layout

Layoutにはテーマ全体に関わるファイルが入っています。

たとえば、theme.liquidには、<head>やmetaタグなど、Shopify内のすべてのページの共通になる部分を記述します。広告測定などに使用するグローバルタグを追加する場合も、theme.liquid内に埋め込む形になるので覚えておきましょう。

【記載内容例】
・HTMLのhead内の部分(css、javscriptのロードを含む)
・ヘッダー(メニュー)部分
・フッター部分

また、Shopifyのエンタープライズプランである「Shopify Plus」を利用すると、「checkout.liquid」というファイルにアクセスできるようになり、チェックアウトページの編集ができるようになります。

Shopify Plus以外のプランを利用している場合、編集できるのはカートページまでで、住所入力や配送方法の選択など、カートページ以降の画面のファイルを直接編集することはできません。

🛒 Templates

Templatesには、ストア内の各ページの基本となるテンプレートファイルを設置します。

各ページに対応したLiquidファイルは表1のとおりです。

5

▼表1　テンプレートとページの対応表

404.liquid	404ページ
article.liquid	ブログ記事ページ
blog.liquid	ブログ一覧ページ
cart.liquid	カートページ
collection.liquid	コレクションページ
customers/account.liquid	お客様アカウントページ
customers/active_account.liquid	メールアドレスのみ登録したあとでパスワードを設定する場合にアカウントをアクティブ化させるページ
customers/addresses.liquid	お客様が住所を管理・編集するページ
customers/login.liquid	ログインページ
customers/order.liquid	注文履歴閲覧ページ
customers/register.liquid	新規アカウント作成ページ
customers/reset_password.liquid	パスワードリセットページ
index.liquid	トップページ
list-collection.liquid	コレクション一覧ページ
page.liquid	固定ページ
password.liquid	パスワードページ
product.liquid	商品詳細ページ
search.liquid	検索ページ

Sections

　Sectionsには、テーマのカスタマイズ画面で追加・編集可能なページのパーツとなるファイルが入っています。Liquid編集画面でも、たとえばtemplates/page.liquidから、セクション単位で呼出して組み込めます。

　SectionsのファイルがTemplatesと異なるのは、**前節で説明したSchemaを編集して、テーマの「カスタマイズ」から変更可能な仕組みを構築する場合、Templates内ではなく、Sectionsのファイルに記述をする必要があるという点です。**

　例えば、商品の詳細ページで表示する要素を変更するなど、カスタマイズできる項目を追加したい場合、元のテンプレートファイルである「product.liquid」内で、「product-template.liquid」など、Schemaを記述するためのSectionsのファイルを読み込む必要があります（画面1）。

▼画面1　Sectionsのファイルを読み込む

Snippets

　Snippetsには、他のLiquidファイルから読み込むファイルを作ります。画面のパーツ単位、関数単位など自由に利用できます。

　Sectionsと似ていますが、Snippetsのファイルはテーマのカスタマイズ画面で変更ができない点が明確に異なります。また、Sectionsに比べてボタンやフォームなどもう少し小さい単位のパーツのファイルを置くことが多いです。

Assets

　Assetsには、CSS、JavaScript、画像、フォントなどHTMLを作るための素材ファイルを入れます。Assets内に「css」や「img」などのサブディレクトリを作れないので、ファイル数が増えた場合を想定して、わかりやすいファイル名をつけておきましょう。

　テーマファイル内に埋め込まない画像については、Shopifyの管理画面「設定」の「ファイル」からアップロードをすると良いでしょう。

Config

　Configには、Shopifyのカスタマイズ画面等で設定した内容が保存されます。これらの値は、テキストデータなので、自分で直接編集できます。

　デフォルトで「settings_data.json」と「settings_schema.json」の2つのファイルが入っています。

Locales

　Localesには言語の翻訳に関するファイルが入っています。

　管理画面上で編集した翻訳文が保存されます。Locales内のデータもテキストデータなので、管理画面を通さず直接文言を編集できます。

実際にテーマファイルを
編集してみよう

既存の Liquid ファイルを編集したり、新規の Liquid ファイルを追加することで、独自の機能やデザインを加えたページを作成できます。
　この節で説明している内容はすべて Shopify の無料テーマ「Debut」を使って作成しています。使用するテーマによって、表示されている内容や必要な記述が異なる場合があります。

テーマに独自CSSを追加してみよう

　まずはテーマに独自のファイルを一つ追加してみましょう。今回は、既存のテーマのデザインを変更したい場合を想定して、テーマに独自のCSSのファイルを追加してみます。
　CSSを追加するには、テーマの「コードを編集する」からAssetsフォルダの中の「新しいassetを追加する」をクリックします（画面1）。

▼画面1　新しいassetを追加する

アセット追加画面が追加されます（画面2）。

▼画面2　新しいアセットを追加する

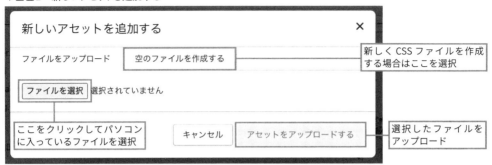

「ファイルをアップロード」のタブでは、既存のファイルをアップロードできます。

「ファイルを選択」ボタンをクリックし、パソコンに入っているファイルを選択してから「アセットをアップロードする」ボタンをクリックするとAssetsにファイルが追加されます。

Shopifyのテーマに新しくCSSファイルを作成する場合は、「空のファイルを作成する」のタブを選択します（画面3）。

▼画面3　空のファイルを作成する

「名前」にCSSファイルの名前を半角英数字で入力しましょう。ここでは「custom」としておきます。拡張子は「.css」を選択します。

すると「custom.css」という空のCSSファイルがAssetsの中に追加されます（画面4）。

▼画面4　新しく作成したCSSファイル

このファイルに追加したいCSSを記述していきます。

CSSを記述したら「保存する」ボタンをクリックして保存しましょう（画面5）。

▼画面5　CSSを記述して保存する

　次に、「theme.liquid」を開き、追加したCSSを適用するために以下のコードを追加します。

▼theme.liquid

```
{{ 'custom.css' | asset_url | stylesheet_tag }}
```

theme.liquidにCSSファイルを読み込むためのコードを挿入したら「保存する」ボタンをクリックして保存しましょう（画面6）。

▼画面6　保存する

追加したCSSがページ上に反映されていれば完了です。反映されない場合は、テーマ側のCSSで上書きされていないか、追加したcustom.cssのファイルが適切に読み込まれているか確認してみましょう。

商品詳細ページに商品タグを表示してみよう

次は既存のページに機能を追加してみましょう。ここでは「商品に登録されたタグをページ上に出力する」という機能を追加することで、商品の詳細ページ上に「新着商品」という独自のラベルが表示されるようにしてみます。実装後はP.297の画面9のようなイメージになります。

なお、**タグをページ上に出力するという仕様上、該当の商品に予め「新着商品」などのタグを登録しておいて下さい**。商品へのタグの登録方法は第2章（P.21）で解説しています。

商品詳細ページの内容を変更するには、Sectionsのディレクトリに入っている「product-template.liquid」というファイルを編集します（画面7）。

▼画面7 「product-template.liquid」を編集

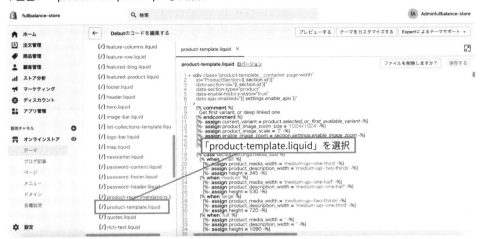

商品名の上に小さく表示したいので、まずは商品名を出力する {{ product.title }} を含むコードを探します。その上に商品に登録されているタグを出力する以下のコードを挿入します。

▼product-template.liquid

```
{% for tag in product.tags %}
  <span class="Product__label">{{ tag }}</span>
{% endfor %}
```

コードを挿入したら「保存する」をクリックして保存しましょう（画面8）。以下のような形になっていれば大丈夫です。

▼画面8　コードを挿入して保存する

これだけでもページ上に商品タグが出力されますが、少しだけデザインを整えてみましょう。一つ前の項目で解説した「custom.css」に以下の記述を追加します。

▼custom.css

```
.Product__label{
    display: inline-block;
    font-size: 12px;
    border: 1px solid grey;
    padding: 6px 18px;
    border-radius: 16px;
    margin-right: 8px;
    margin-bottom: 8px;
}
```

ページ上で表示を確認すると、以下のようにタグが出力されていることがわかります（画面9）。

「タグを表示する」というシンプルな機能ですが、「新着商品」ではでなく、「送料無料」や「セール」など出力する内容を変えるだけでも、様々な表現が考えられます。サンプルでは全ての商品タグが出力されるようになっていますが、前節で解説したLiquidの構文で条件を指定することで、任意の条件でタグを表示させることもできますのでチャレンジしてみてください。

オリジナルの商品詳細ページを作ってみよう

既存のページを編集することができたら、次はオリジナルの商品詳細ページを作ってみましょう。

新しいページのテンプレートを追加するため、Templatesの「新しいtemplateを追加する」をクリックします(画面10)。

新しいテンプレートの作成画面が表示されます（画面11）。

▼画面11　新しいテンプレートを作成する

「目的」ではページの種類を選択します。今回は商品詳細ページを作るので「product」を選択してください。固定ページなら「page」、ブログ記事の詳細ページなら「article」を選択します。

「名前」には商品詳細ページの名前を半角英数字で入力します。ここでは「custom」としておきます。

ページに必要な最低限の記述が入った状態で「product.custom.liquid」というファイルがTemplatesの中に作成されます（画面12）。

▼画面12　新しく作成した商品詳細ページのテンプレートファイル

product.custom.liquidの中には、以下の記述があります。

▼product.custom.liquid

```
{% section 'product-template' %}
```

　このコードはSectionsの中にあるproduct-template.liquidというファイルを読み込むという記述です。今回は、通常のproduct.liquidとは違うレイアウトにしたいので、以下のように書換えます（ファイル名は任意です。ここでは「product-cutom-template」としておきます）。

▼product.custom.liquid

```
{% section 'product-custom-template' %}
```

ファイルを編集したら「保存する」をクリックして保存しましょう（画面13）。

▼画面13　テンプレートファイルを変更して保存する

商品ページのレイアウトを変えるため、これから作成する別のファイルを読み込む

　まだ肝心の「product-custom-template」を作成していないので、Sectionsの「新しいsectionを追加する」をクリックしてファイルを作成しましょう（画面14）。

▼画面14　新しいsectionを追加する

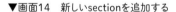

セクション作成の画面が表示されます（画面15）。

テンプレートで変更した内容に合わせて、「product-custom-template」と名前をつけて「セクションを作成」をクリックします。

Sectionsの中に「product-custom-template」というファイルが作成されます（画面16）。

▼画面16　新しく作成した商品詳細ページのセクションファイル

このファイルを編集して新たな商品詳細ページを作成していきます。

ファイルを編集したら「保存する」をクリックして保存しましょう。

新しい商品詳細ページのテンプレートを作成すると、Shopifyの管理画面にテンプレートを選択する項目が追加されます（画面17）。

作成したファイルを適用する場合は、ここでテンプレートを切り替えてください。

▼画面17　テンプレートを選択

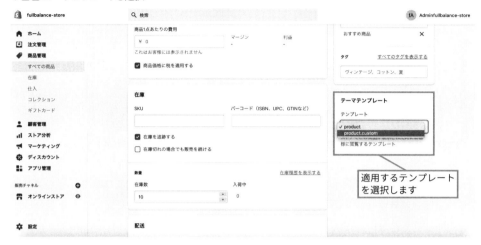
▼画面17　テンプレートを選択

　これでオリジナルの商品ページのテンプレートの作成が完了です。同様の手順で固定ページ（page）やブログ記事（article）も作成できます。商品ページを0から作る場合はLiquidの理解が必須になりますが、たとえば、固定ページならHTMLやCSSの知識だけでもランディングページのように凝ったデザインを実装することもできます。

　P.309からは、「page.faq.liquid」、「page-faq.liquid」というファイルを使って、オリジナルのFAQページを作成する手順を説明しています。

独自のセクションをトップページに追加してみよう

　次は少し難易度が高いですが、Schemaを編集して、オリジナルのトップページを構成するパーツ（セクション）をテーマに追加してみましょう。今回は、ネットショップに限らずホームページでよくみられるリンク付きのバナーが3つ横に並んでいるセクションを作成してみます。

　セクションを追加する場合はSectionsを開き、「新しいsectionを追加する」をクリックします（画面18）。

▼画面18　新しいsectionを追加する

セクション作成の画面が表示されます（画面19）。

▼画面19　新しいセクションを作成する

　「名前」にセクションの名前を半角英数字で入力します。ここでは仮に「banner」という名前にします。すると「banner.liquid」というファイルがSectionsの中に追加されます（画面20）。

　まずはカスタマイズ項目を設定するために、Schemaを使ってカスタマイズ項目を定義していきます。banner.liquidのSchemaの中に以下のコードを追加しましょう。

▼banner.liquid

```
{% schema %}
{
    "name": "バナー",
    "settings": [],
    "blocks": [
      {
        "type": "image",
        "name": "バナー",
        "settings": [
          {
            "type": "image_picker",
            "id": "image",
            "label": "画像"
          },
          {
            "type": "url",
            "id": "url",
            "label": "リンク"
          }
        ]
      }
    ],
    "presets": [
```

```
      {
        "category": "画像",
        "name": "バナー",
        "settings": {}
      }
    ]
  }
{% endschema %}
```

まず最初にnameでセクションの名前を「バナー」と定義しています。

次に、blocksという複数の項目を追加する場合の設定を使って、カスタマイズで画像を選択するため「image_picker」、リンク先のURLを指定するための「url」というtypeの項目を追加しました。

最後にトップページで使用するセクションに設定するpresetsという項目を追加してあげればSchemaの設定は完了です。ここでは、Debutのテーマにもともとある「画像」というカテゴリの中に「バナー」という名前のセクションを追加するという記述をしています。

設定項目を定義することができたら、次は設定した内容を出力するためのHTMLを同じく「banner.liquid」の中に追加します。

▼banner.liquid

```
<div class="Section__banner">
  {% for block in section.blocks %}
        <a href="{{ block.settings.url }}">
         <img src="{{ block.settings.image | img_url: 'master' }}">
        </a>
  {% endfor %}
</div>
```

{% for block in section.blocks %} 〜 {% endfor %}は、Schemaのblocksで設定した項目を繰り返し出力するための記述です。

また、先ほどSchemaで設定した「url」や「image_picker」の内容を出力するために、aタグのリンク先とimgタグの参照元を「block.settings.id」の形でそれぞれ記述しています(idはSchemaで定義した内容になります)。

これで項目を出力するための設定が完了しました。最後にデザインをCSSで整えてみましょう。次のコードをbanner.liquidに以下のスタイルを追加してください(CSSはこの説の最初に作成した「custom.css」内に追加しても大丈夫です)。

```
<style>
  .Section__banner{
    max-width: 1200px;
    display: flex;
    flex-wrap:wrap;
    margin: 0 auto;
    padding: 55px 35px;
  }
  .Section__banner>a{
    margin: 10px;
    width: calc(33.33% - 20px);
  }
  @media only screen and (max-width: 749px){
    .Section__banner{
      padding: 22px 12px;
    }
  }
</style>
```

最終的なコードは以下のようになります。

▼banner.liquid

```
<style>
  .Section__banner{
    max-width: 1200px;
    display: flex;
    flex-wrap:wrap;
    margin: 0 auto;
    padding: 55px 35px;
  }
  .Section__banner>a{
    margin: 10px;
    width: calc(33.33% - 20px);
  }
  @media only screen and (max-width: 749px){
    .Section__banner{
      padding: 22px 12px;
    }
  }
</style>

<div class="Section__banner">
```

```
    {% for block in section.blocks %}
        <a href="{{ block.settings.url }}">
      <img src="{{ block.settings.image | img_url: 'master' }}">
        </a>
    {% endfor %}
</div>

{% schema %}
{
    "name": "バナー",
    "settings": [],
    "blocks": [
      {
        "type": "image",
        "name": "バナー",
        "settings": [
          {
            "type": "image_picker",
            "id": "image",
            "label": "画像"
          },
          {
            "type": "url",
            "id": "url",
            "label": "リンク"
          }
        ]
      }
    ],
    "presets": [
      {
        "category": "画像",
        "name": "バナー",
        "settings": {}
      }
    ]
  }
{% endschema %}
```

それでは、作成したセクションを実際にトップページに表示させてみましょう。
「テーマをカスタマイズ」をクリックしてカスタマイズ画面に移動します（画面21）。

5

カスタマイズ画面で作成したセクションを追加します（画面22）。

▼画面22　作成した独自のセクションをトップページに追加する

それぞれのバナーには、個別の画像とリンク先が指定できるようになっています（画面
23）。

画面23のようにプレビューが表示されていれば完成です！　カスタマイズ画面で登録した内容をページ上に反映できるようになりました。

管理画面から編集可能なFAQページを作ってみよう

ここまで紹介した内容を応用して、自分で管理画面から項目の編集ができるFAQページを作ってみましょう。最終的な完成のイメージは以下のような形です（画面24）。

▼画面24　作成するFAQページ

FAQ

Q. 送料について
A. 国内配送料は無料です。海外配送の場合、一律2,500円の送料がかかります。

Q. 決済方法について
A. クレジットカード決済、PayPal、AmazonPayが利用できます。

FAQページのテンプレートを作成する

　FAQページは固定ページとして作成します。ここではTemplatesに「page.faq.liquid」という名前のファイルを作成しましょう（画面25）。

▼画面25　page.faq.liquidという名前のファイルを作成する

　今回はカスタマイズから内容を変更できるようにしたいので、テンプレートにSchemaを定義するためのsectionを読み込むようにします。

　{{ page.content }}という記述を以下のコードに置き換えましょう。

▼page.faq.liquid

```
{% section 'page-faq' %}
```

　変更後のコードは以下のようになります（画面26）。

▼画面26　page.faq.liquidの反映結果

```
page.faq.liquid  ×

page.faq.liquid  旧バージョン                    ファイルを削除しますか？   名前を変更する   保存する

 1 ▾ <div class="page-width">
 2 ▾   <div class="grid">
 3 ▾     <div class="grid__item medium-up--five-sixths medium-up--push-one-twelfth">
 4 ▾       <div class="section-header text-center">
 5           <h1>{{ page.title }}</h1>
 6         </div>
 7
 8 ▾       <div class="rte">
 9           {% section 'page-faq' %}
10         </div>
11       </div>
12     </div>
13   </div>
14
```

次に、Sectionsに「page-faq.liquid」という名前のファイルを作成しましょう（画面27）。

▼画面27　page-faq.liquidという名前のファイルを作成する

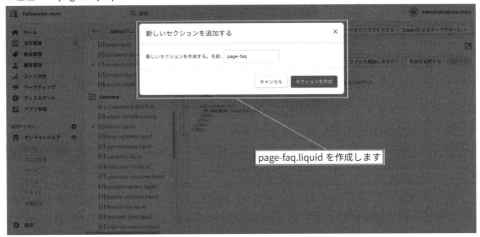

FAQページの設定項目を定義する

page-faq.liquidの下部に、schemaタグで質問と回答を追加できるカスタマイズ項目の設定を記述します。

質問と回答は同じ形式のものを複数追加できるようにblocksを使います。

▼page-faq.liquid

```
{% schema %}
{
  "name": "FAQ",
  "settings": [],
  "blocks": [
    {
      "type": "question",
      "name": "質問と回答",
      "settings": [
        {
          "type": "text",
          "id": "question",
          "label": "質問タイトル"
        },
        {
```

5

```
            "type": "richtext",
            "id": "answer",
            "label": "回答"
          }
        ]
      }
    ]
  }
{% endschema %}
```

page-faq.liquidにカスタマイズで登録した内容を出力するためのコードを挿入します。

▼page-faq.liquid
```
<ul class="Faq__container">
  {% for block in section.blocks %}
    <li>
      <div class="Faq__question">{{ block.settings.question }}</div>
      <div class="Faq__answer">{{ block.settings.answer }}</div>
    </li>
  {% endfor %}
</ul>
```

ここまでできたら、実際にページ上に反映されるか確認してみましょう。
　今回作ったFAQのテンプレートを表示するためのページを作成し、テンプレートで
「page.faq」を選択します（画面28）。

▼画面28　page.faq.liquidを表示するページを作成

カスタマイズ画面で「FAQ」を選択して質問と答えを追加してみましょう（画面29）。

▼画面29　カスタマイズ画面でFAQが編集できる

これだけだとデザインがよくないので、CSSでスタイルを調整します。

追加する場所はpage.faq.liquid内に直接記述しても、独自CSSファイルに追記してもどちらでも問題ないです。page.faq.liquid内に記述する場合は、以下のコードを<style></style>タグで囲います。

▼page.faq.liquid

```
.rte ul.Faq__container{
  list-style: none;
  padding-top: 20px;
  border-top: 1px solid grey;
}
.rte ul.Faq__container>li{
  border-bottom: 1px solid grey;
  padding-bottom: 20px;
  margin-bottom: 20px;
}
.Faq__question,.Faq__answer{
  position: relative;
  padding-left: 20px;
}
.Faq__question{
  margin-bottom: 10px;
}
.Faq__question::before{
  content: "Q.";
```

5

```
  position: absolute;
  left: 0;
  color: #0386B2;
  font-weight: bold;
}
.Faq__answer::before{
  content: "A.";
  position: absolute;
  left: 0;
  color: #D70302;
  font-weight: bold;
}
.Faq__answer p{
  display: inline-block;
}
```

「Debut」のテーマに上記のCSSを追加すると以下のように表示されます（画面30）。
使用するテーマやネットショップのデザインによって微調整してください。

▼画面30　CSSを反映した結果

FULLBALANCE-
STORE   ホーム　カタログ   Q & 🗋

FAQ

Q. 送料について
A. 国内配送料は無料です。海外配送の場合、一律2,500円の送料がかかります。

Q. 決済方法について
A. クレジットカード決済、PayPal、AmazonPayが利用できます。

サンプルストア   商品カテゴリ   インフォメーション   メルマガ登録

　管理画面から項目を編集できるオリジナルのFAQページを作成できました。
　設定するまでが少し大変ですが、一度作ってしまえばHTMLやCSSを編集することなく、管理画面から簡単に質問の項目を追加できるので非常に便利です。
　今回はシンプルなページを作成しましたが、複雑なページを作る時も、Schemaでカスタマイズ項目を定義して、ページ上に出力をするという流れは同じです。本書で紹介している内容を参考にいろいろなカスタマイズを追加してみてください。

第 6 章

Shopifyカスタマイズ
Tips

この章では第5章を読んでShopifyのカスタマイズについて理解した方に向けて、より深くShopifyを知るためのTipsを紹介します。

6-1 Theme Kitを導入して、テーマ修正を円滑にしよう

Theme Kit とは、Shopify のテーマを構築するためのコマンドラインツールです。ここでは Theme Kit の導入方法を説明していきます。

コマンドラインツールとは

コマンドラインとは、キーボードで入力をした命令（コマンド）を元にファイルの閲覧や編集ができるソフトウェアです。ターミナルとも呼ばれます。

パソコンの一般的な操作はマウスを使ってクリックやドラッグといった操作で行いますが、代わりに命令をキーボードで入力することで操作します。コマンドラインツールが用意されているということは、キーボードのみで操作できる環境が提供されているという意味です。

Theme Kitでできること

前章まででテーマファイルを編集するためには管理画面から直接修正をする形で操作をしてきました。この方法も「誰でも編集しやすい」というメリットがありますが、ある程度規模の大きなテーマを作ろうとすると、ブラウザ上で行っているためどうしても操作上の限界がでてきます。

Theme Kitを設定することで、自分のパソコンの中にテーマファイル一式を設置し、変更を加えるごとに自動的にShopifyに反映される仕組みを作ることができます。

この仕組により普段から使い慣れたエディタも使うことができますし、たとえばAssetsファイルのように、多数のファイルを扱うときなど普段自分のパソコンで行う操作だけでテーマファイルが変更されるようにできます。

🛒 Theme Kitの導入方法

Linuxの場合は、ターミナルで次のスクリプトを実行します。

```
curl -s https://shopify.github.io/themekit/scripts/install.py | sudo python  Enter
```

MacOSの場合は、ターミナルで次のスクリプトを実行します(事前にbrew環境のセットアップの必要があります)。

```
$ brew tap shopify/shopify  Enter
$ brew install themekit  Enter
```

Windowsの場合は、ターミナルで次のスクリプトを実行します(事前にChocolatey環境のセットアップの必要があります)。

```
choco install themekit  Enter
```

また、Theme Kitの公式サイト(https://shopify.dev/tools/theme-kit)からZipファイルをダウンロードして手動インストールもできます(画面1)。OSや容量ごとにファイルが用意されているので、環境に応じて適切なファイルをダウンロードしてください。公式サイトに記載されている手順に従って作業を進めましょう。なお、Theme Kitの公式サイトはすべて英語で書かれている点に注意してください。

6

▼画面1　Theme Kitの公式サイトでZipファイルをダウンロード(トップページの「Getting started」からこのページを開く)

最新バージョンのTheme Kitを利用しよう

Theme Kitを初めて利用する場合は最新バージョンをインストールすることになるので、この手順は無視して構いません。

過去にテーマのgemを使用したことがある場合は、まずアンインストールしてください。

既存のShopifyのテーマgemをアンインストールする場合は、次のコマンドを実行します。

```
gem uninstall shopify-theme  Enter
```

Theme Kitの最新のバージョンを確認しておきましょう。最新のバージョンは以下のサイトで確認できます。

https://github.com/Shopify/themekit/releases

Theme Kitをアップデートする場合は、次のコマンドを実行します。

```
theme update --version=[version number]  Enter
```

[version number]の部分には「v1.1.4」というように最新のバージョン番号を入れてください。

Theme Kitがインストールできていることを確認する場合には次のコマンドを実行します。

```
theme --help  Enter
```

Theme Kitをインストールしたら、次はShopifyとローカルテーマを連携させるために認証APIを設定します。

ここではAPIキー、パスワード、テーマIDが必要となります。

APIキーとパスワードを設定するために、Shopifyの管理画面にログインしましょう。「アプリ管理」を開き、「プライベートアプリを管理する」をクリックします（画面2）。

▼画面2　プライベートアプリを管理する

▼画面2　プライベートアプリを管理する

初めてプライベートアプリを開発する場合は、プライベートアプリの開発を有効にする必要があります。

「プライベートアプリの開発を有効にする」ボタンをクリックしてください（画面3）。

▼画面3　プライベートアプリの開発を有効にする

次の画面に表示される項目を確認してチェックを入れて、「プライベートアプリの開発を有効にする」ボタンをクリックしてください（画面4）。

▼画面4　同意してチェックを入れる

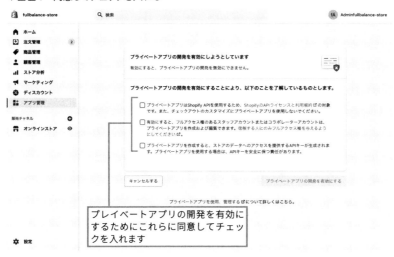

プライベートアプリが作れるようになったら、「新しいプライベートアプリを作成する」ボタンをクリックします（画面5）。

▼画面5　「新しいプライベートアプリを作成する」ボタンをクリック

まず、プライベートアプリ名と緊急連絡用メールアドレスをそれぞれ入力します。プライベートアプリの名前は任意で構いませんが、ここでは「themekit」と入力しておきます（画面6）。

▼画面6　プライベートアプリを作成する

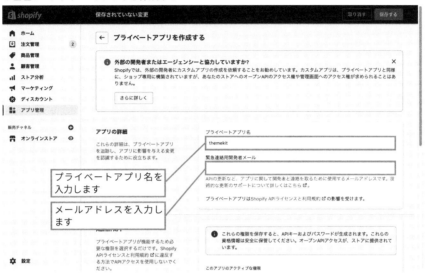

　次に、テーマの権限を「読み取りおよび書き込み」に変更しましょう。Admin APIで「非アクティブなAdmin API権限を表示する」をクリックしてください（画面7）。

▼画面7　「非アクティブなAdmin API権限を表示する」をクリック

画面をスクロールしてテーマの権限を「読み取りおよび書き込み」に変更します（画面8）。

▼画面8　テーマの権限を変更

「保存する」ボタンをクリックして表示される画面で「アプリを作成する」ボタンをクリックします（画面9）。

▼画面9　アプリを作成する

これでAPIキーとパスワードが生成されます。

テーマIDを取得する主な方法は二つあります。

1つ目は、Shopifyの管理画面から取得する方法です。

「テーマ」から「アクション」をクリックし「コードを編集する」を選択します。コード編集画面のURLの末尾にある数字の羅列がテーマIDとなります（画面10）。

▼画面10　URLの末尾がテーマID

2つ目は、コマンドの実行により取得する方法です。

次のコマンドを実行することで、Shopifyで使っているテーマとそれぞれのテーマIDがリストで返されます。

```
theme get --list -p=[your-api-password] -s=[your-store.myshopify.com]  Enter
```

[your-api-password]にはAPIキーと共に生成されたパスワード、[your-store.myshopify.com]にはネットショップのURLを入れてください。URLはShopifyアカウントを作成したときに登録した「myshopify.com」で終わるURLです。

これでテーマにconfig.ymlファイルを作成し、ローカルにテーマをダウンロードできるようになりました。

次はテーマのためのディレクトリを作成するために、次のコマンドを実行します。

```
mkdir [your-theme-name]  Enter
```

[your-theme-name]にはテーマの名前を入れてください。
作成したディレクトリに移動するために、次のコマンドを実行します。

```
cd [your-theme-name]  Enter
```

テーマをダウンロードしてディレクトリ内でそのテーマのローカル版と連携するためのconfig.ymlファイルを作成するために、次のコマンドを実行します。

```
theme get --password=[your-api-password] --store=[your-store.myshopify.com]
--themeid=[your-theme-id]  Enter
```

テーマIDを取得したときと同じように、ここでも[your-api-password]にはAPIキーと共に生成されたパスワード、[your-store.myshopify.com]にはネットショップのURLを入れてください。また、[your-theme-id]にはテーマIDを入れてください。

これで自動的にconfig.ymlファイルが作成され、テーマがダウンロードされます。テキストエディタを使って、config.ymlファイルを手動でディレクトリに作成できます。
　テーマを一から作成する場合は、次のコマンドを実行します。

```
theme new --password=[your-api-password] --store=[your-store.myshopify.com]
--name="New Blank Theme" Enter
```

　"New Blank Theme"の部分には任意の新規テーマ名を入力しましょう。
　これでディレクトリの中に新たなテーマが作成され、同じ名前のテーマのコピーがShopifyにアップロードされます。

Tips

エラーが表示されたら確認すること

・テーマの権限を確認しよう

　プライベートアプリを作成したときに、テーマの権限を「読み取りおよび書き込み」にしたか確認をしましょう。権限を変更したら「保存する」ボタンをクリックして変更を保存します。

・バージョンを確認しよう

　過去にインストールしたときのテーマgemをアンインストールしたか、Theme Kitは最新バージョンになっているか確認をしましょう。

　Shopifyのテーマとの連携ができたので、次のコマンドを実行します。

```
theme watch Enter
```

　これで、ローカルで変更した内容を自動的にShopifyのテーマに反映できます。
　停止する場合には、 Ctrl ＋ C （Macの場合は control ＋ C ）を入力します。

Shopifyのテーマ編集に使えるコマンド

ここではShopifyのテーマを編集する際に使えるコマンドをいくつか紹介します。

Shopifyから最新のコードをダウンロードする

```
theme download Enter
```

ローカルで編集した内容をShopifyに自動アップロードする

```
theme watch Enter
```

ローカルで編集した内容をShopifyにアップロードする

```
theme deploy Enter
```

ブラウザを開き、テーマのプレビューを見る

```
theme open Enter
```

Tips

特定のファイルを操作する場合

以下のようにコマンドのあとにファイルのディレクトリとファイル名を書くと、操作するファイルを指定できます。

```
theme download templates/product.liquid assets/style.css Enter
```

6

6-2 Powered by Shopifyの文字を消そう

Shopify の多くのテーマファイルにはコピーライトには「Powered by Shopify」の文字が入っています。もちろんこのままでも問題ないですが、「必要のないクレジットは表示したくない」という方向けに、「Powered by Shopify」の文字を非表示にする方法を解説します。

🛒 言語を編集して「Powered by Shopify」を消す

コードを編集しなくても「Powered by Shopify」の文字は消せます（画面1）。

オンラインストアのテーマ編集画面で「アクション」ボタンをクリックし、「言語を編集する」を選択します（画面2）。

▼画面1 フッターのクレジット表記

▼画面2　言語を編集する

言語編集画面では「翻訳を検索する」と書いてあるバーで検索できます（画面3）。

▼画面3　言語編集画面

　「powered」と検索し、「Powered by Shopify」の欄で半角スペースを入力しましょう（画面4）。

　この方法でネットショップに表示されていたコピーライトから「Powered by Shopify」の文字が消せます。

コードを編集して「Powered by Shopify」を消す

コードの編集が可能な場合は、コードを編集して「Powered by Shopify」の文字を消せます。

オンラインストアのテーマ編集画面で「アクション」ボタンをクリックし、「コードを編集する」を選択します（画面5）。

▼画面5　コードを編集する

Sectionsを開き、footer.liquidを選択します（画面6）。

▼画面6　footer.liquidを開く

{{ powered_by_link }} が入っているコードを削除、もしくはコメントアウトすること
で、ネットショップから「Powered by Shopify」の文字を消せます（画面7）。

▼画面7　{{ powered_by_link }} をコメントアウトする場合

6-3 税の設定をしよう

ネットショップで商品を販売する場合にも実店舗と同じように消費税がかかります。
2021年現在、消費税は基本的に10%、酒類・外食を除く飲食料品には軽減税率が適用され、8%となっています。
また、2021年4月1日からは消費税込みの総額表示が義務付けられています。
Shopifyでも消費税に関する設定をしておきましょう。

総額表示をしよう

それではShopifyで販売する商品の価格を総額表示する方法を説明します。
管理画面の左下にある「設定」から「税金」を選択して行います（画面1）。

▼画面1　設定画面で「税金」を選択

「税の計算」で「すべての価格を税込価格で表示する」にチェックを入れると、ネットショップで販売している商品の価格は総額表示されていることになります（画面2）。

▼画面2　ネットショップで販売している商品の価格が総額表示になっている

軽減税率の設定をしよう

Shopifyではネットショップで販売する商品に軽減税率も適用できます。

すべての商品に軽減税率を適用する

　税の設定画面で、「税の地域」の「日本」の右にある「管理」ボタンをクリックしてください（画面3）。

▼画面3　日本の「管理」ボタンをクリック

　「国の税率」を「8%」に変更しましょう（画面4）。

▼画面4　国の税率を「8%」に変更

これでShopifyから販売している商品のすべてに軽減税率が適用されました。

一部の商品に軽減税率を適用する

　最初に手動コレクションを作成しておき、軽減税率を適用したい商品をその手動コレクションに入れましょう。

　すべての商品に軽減税率を適用する場合と同様に税の設定画面で、「税の地域」の「日本」の右にある「管理」ボタンをクリックしてください。

　画面をスクロールすると「税の優先適用」という項目があるので、その下にある「税の優先適用を追加する」をクリックします（画面5）。

▼画面5　税の優先適用を追加する

軽減税率を適用する商品のコレクションを選択し、税率を「8%」にして「優先適用を追加する」ボタンをクリックします（画面6）。

▼画面6　コレクションを選択して税率を設定

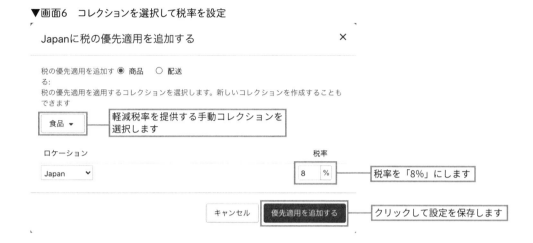

　手動コレクションを利用すると、ネットショップの一部の商品に軽減税率を適用できます。

🛒 商品価格を一括で更新できるアプリ

　ネットショップで税の表示切替をする際、切替前の商品は切替前の価格のままになっています。ひとつひとつ価格を変更していくと手間がかかり、ミスが起こる可能性もあります。
　そこで、税率に合わせて商品価格を一括で更新できるアプリを紹介します。

CustomEdit

　税率をパーセンテージで入力して商品価格を一括で更新できます。
　コレクションや商品ごとの絞り込みもできるので、正しい価格になっている商品や税率が違う商品がある場合でもそれぞれ調整できます。

> アプリストアはこちら
>
> https://apps.shopify.com/customedit?locale=ja

▼画面　CustomEdit

6-4 住所の自動入力を 有効にしよう

お客様は商品を注文してチェックアウトする際に配送先の住所を入力します。

　しかし、複数の入力欄にひとつひとつ入力することを面倒に感じる人も少なくないでしょう。チェックアウトに手間がかかるせいでカゴ落ちしてしまう可能性もあります。

　お客様が快適にネットショップを利用するためにも、郵便番号だけ入力すれば自動的に住所が入力されるように設定しておきましょう。

🛒 住所の自動入力を有効にする

管理画面の「設定」から「チェックアウト」を選択します（画面1）。

▼画面1　設定画面で「チェックアウト」を選択

「注文処理」で「住所自動入力を有効化する」にチェックを入れます（画面2）。

▼画面2　住所自動入力を有効化する

「保存する」ボタンをクリックして設定を保存しましょう。

6-5

通知メールをカスタマイズ しよう

Shopifyではお客様がネットショップで商品を注文したときの確認や配送状況を通知するメールも独自の文章やデザインに変更できます。

通知メールのロゴと色を編集しよう

ネットショップから送信する通知メールに共通のブランドや企業のロゴを表示したり、リンク付きのボタンの色をブランドのイメージカラーに変更したりできます。

管理画面の左下の「設定」から「通知」を選択してください（画面1）。

▼画面1　設定画面で「通知」を選択

「お客様通知」の下にある「カスタマイズ」ボタンをクリックします（画面2）。

▼画面2 「カスタマイズ」ボタンをクリック

メールテンプレートのカスタマイズ画面の右側で「ロゴ」と「色」を編集できます（画面3）。
　メールにロゴ画像を入れたいときには、「ロゴ」で「ファイルを選択」ボタンをクリックします。パソコンからロゴ画像を選択してアップロードしましょう。「ロゴの幅（ピクセル）」に半角数字を入力しロゴのサイズを調整します。
　「色」ではカラーパレットから色を選ぶか、カラーコードを入力してメールの文章内のアクセントカラーを指定できます。

6

▼画面3　メールテンプレートをカスタマイズ

Shopifyでお客様に送信できる通知メールの種類

通知設定画面の「お客様通知」では、各通知メールのテンプレートを編集できます。HTMLやCSS、Liquidのコードを利用することで、より詳細な設定ができます（画面4）。

▼画面4　通知メールのテンプレート編集画面

なお、お客様に送信する通知の中には、SMSで送信できるものもあります。
「アクション」から、テストメールを送信や、メールのプレビューの確認ができます。
お客様に送信できる通知メールの種類は表1のようになっています。

▼表1　お客様に送信できる通知メールの種類

注文管理	お客様の注文の確認や、支払いの請求など、注文に関する各種通知メールです。
配送	お客様が注文した商品が発送されたときのお知らせなど、配送に関する各種通知メールです。
店舗受取	お客様が注文した商品を店舗で受け取る場合に送信する、店舗受取の準備が整ったお知らせなど、店舗受取に関する各種通知メールです。
お客様	お客様がネットショップのアカウントを作成した場合に送信する、アカウント作成が完了したお知らせや、パスワードの更新情報など、お客様アカウントに関する各種通知メールです。
Eメールマーケティング	お客様がメルマガ配信を希望した場合の確認メールです。
返品	お客様が返品を希望した場合の返品の手順を示したメールです。

6-6 ギフトカードの画像を編集しよう

> お客様がギフトカードを購入すると、お客様にギフトカードコードへのリンクが掲載されたメールが送信されます。このギフトカードの画像は変更できます。

🛒 ギフトカードの画像を変更しよう

ギフトカード管理画面で「オンラインストア」を開き、「テーマ」の「アクション」ボタンをクリックして「コードを編集する」を選択します（画面1）。

▼画面1　コードを編集する

「Assets」から「新しいassetを追加する」をクリックします（画面2）。

▼画面2　新しいassetを追加する

「ファイルを選択」ボタンをクリックし、ギフトカードに設定する画像をパソコンから選択します（画面3）。

▼画面3　ファイルを選択

「アセットをアップロードする」ボタンをクリックし、画像をアップロードします（画面4）。

▼画面4　アセットをアップロードする

新しいアセットを追加する　　　　　　　　　　　　　　×

| ファイルをアップロード | 空のファイルを作成する |

ファイルを選択 _IGP7039.jpg

キャンセル　　　アセットをアップロードする

次に、「Templates」から「gift_card.liquid」を開きます（画面5）。

▼画面5　gift_card.liquid

次のコードを探してください。

```
<img src="{{ 'gift-card/card.jpg' | shopify_asset_url }}" alt="">
```

「gift-card/card.jpg」の部分をアップロードした画像ファイルの名前に、フィルターをasset_img_urlに書換えます（画面6）。表示する画像の横幅も指定しておきましょう。

▼画面6　画像の指定を書換える

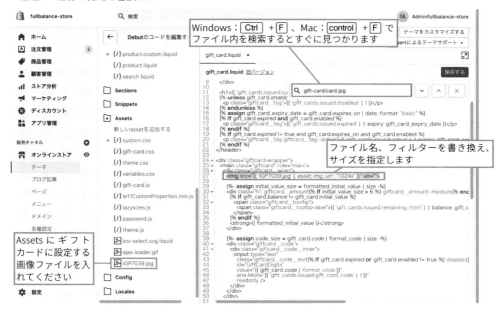

「保存する」ボタンをクリックすると、ギフトカードの画像の情報を保存できます。

　設定したギフトカードのプレビューを確認する場合は、画面右上の「テーマをカスタマイズする」ボタンからテーマのカスタマイズ画面を開きます（画面7）。

▼画面7　テーマをカスタマイズする

　テーマのカスタマイズ画面の上部にあるデフォルトで「ホームページ」になっているドロップダウンメニューをクリックし、「ギフトカード」を選択します（画面8）。

▼画面8 「ギフトカード」を選択

ギフトカードページのプレビューが表示されます（画面9）。

▼画面9 ギフトカードページのプレビュー

メールに画像を表示しよう

管理画面の左下の「設定」から「通知」を選択してください（画面10）。

▼画面10　設定画面で「通知」を選択

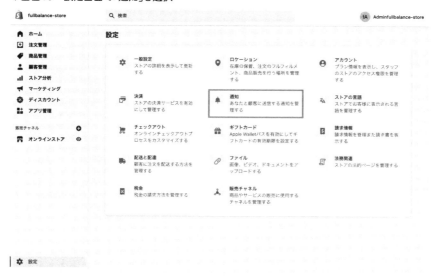

「お客様通知」の下にある「ギフトカードの作成」をクリックします（画面11）。

▼画面11　ギフトカードの作成

お客様にギフトカードコードを送信するメールを、HTMLやCSS、Liquidのコードを使って編集できます（画面12）。

　このコードを編集してお客様に送信するメールにも画像を表示できます。

▼画面12　ギフトカードコードのリンク送信メールの編集画面

6-7 独自のフィールドを追加しよう～Custom Fields

商品管理画面では商品名やテキスト、価格、バリエーションといった項目を入力してネットショップに表示させられます。

更に商品番号や商品の寸法といったプラスアルファの項目を記載したいときには、テキストの入力欄にHTMLでも追加できます。しかし、「Custom Fields」というアプリを利用すれば簡単にShopifyの商品ページだけでなく、他のページにも項目を追加して編集できます。「Custom Fields」は、アプリストアの説明文によると、「無料プランあり。14日間の無料体験。追加料金が適用される場合があります。」と説明されています。利用する前に確認しましょう。

アプリをインストールしよう

Custom Fieldsをインストールする際には「アプリを追加する」をクリックしたあと、メールアドレスを入力して開発会社（Bonify）の利用規約とプライバシーポリシーに同意する必要があります（画面1）。

▼画面1　利用規約とプライバシーポリシーに同意しアプリを追加

フィールドを追加しよう

ここでは一例として、商品情報にフィールドを追加してみます。

Custom FieldsはShopifyの管理画面とは別のタブで開きます。

「Products」をクリックするとサイドバーにメニューが表示されます（画面2）。

ここで「Pages」を選べば固定ページ、「Blogs」を選べばブログページのフィールドを追加できます。

▼画面2 「Products」を選択

「Add Field」をクリックすると、新規フィールドの作成画面が表示されます（画面3）。まずは追加したいフィールドの種類を選択してください。

CUSTOM FIELDS by Bonify

NEW PRODUCT CUSTOM FIELD

Leave a Review　Help Center　Request Support

Get Started

Products

Search

Bulk Edit

Configure Fields

Display Fields

Import

Export

+ Add Field

+ Add Widget

Pages

Blogs

Blog Posts

Collections

Orders

Draft Orders

Customers

Home Page

Globals

Settings

(↑) Change Plan

✓ **Custom Fields just got a whole lot better!**　✕
We just launched Widgets, field nesting, theme Section support, layout areas, enhanced code management, home page fields and many small improvements throughout the app.

BASIC

Text	URL
Text (List)	Number
Number (List)	Integer
Checkbox	

ADVANCED

HTML	Embed
Phone	Link
Liquid Template	Email
JSON	Date

GROUPS

| Admin Field Group | Field Collection |
| Widgets (NEW) | |

REFERENCE

Product Reference	Blog Reference
Page Reference	Blog Post Reference
Collection Reference	

UPLOAD

| File | Image |

SUGGESTED ARTICLES

Understanding Namespaces & Keys

Collecting Data from Customers

Chrome Extension
Edit your custom fields content in Shopify using our Google Chrome extension
Learn More

MORE BONIFY APPS

Arigato Automation
Automate your store tasks with prebuilt and customizable workflows
Learn More

Customer Account Fields
Create a customer registration form to collect and export data
Learn More

InstaSheets
Sync store data to Google Sheets in real-time
Learn More

(?) Need help? Visit our help center.

Terms and Conditions　Privacy Policy

　ここでは例として、「Text」を選択します。フィールドの種類を選択したら、フィールドのラベル（名前）を入力します（画面4）。

TEXT FIELD (?)

フィールドのラベル（名前）を入力

Enter a field label...

　フィールドの種類に応じて設定画面が表示されます。テキストの場合は入力できる最大文字数を設定します（画面5）。また、「product.metafields」でフィールドをコードで読み取らせるための名前を設定してください。デフォルトで「cf_」となっている、メタフィールドキーを書き換えましょう。

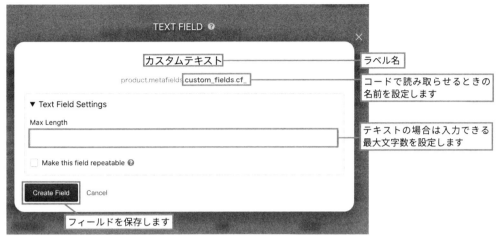

テキストの最大文字数を設定する場合、日本語は2文字分になるので、たとえば最大文字数を50文字にしたい場合は100と入力してください。

設定したら「Create Field」ボタンをクリックして保存します。

追加したフィールドを編集しよう

次の操作が表示されます（画面6）。Step2を選択するとフィールドの編集ができます。Step3ではネットショップでのフィールドの表示方法を設定します。

6

▼画面6　フィールドの編集や表示方法の設定を促されます

この画面をスキップしても、「Products」で商品名の右にある「Edit Custom Fields」からも追加したフィールドを編集できます（画面7）。

▼画面7　「Edit Custom Fields」をクリック

追加したフィールドが表示されるので、編集して保存しましょう（画面8）。

▼画面8　フィールドの編集画面

Tips

商品詳細ページから編集画面に遷移する

　Shopifyの管理画面からフィールドを編集する場合は、「その他の操作」から「Edit Custom Fields」を選択すると、別タブでCustom Fieldsが開かれます（画面）。

▼画面　「Edit Custom Fields」を選択

登録したフィールドを表示させよう

「Display Fields」をクリックすると、フィールドの表示設定ができます（画面9）。

▼画面9　Display Fields

表示するテーマを選択し、フィールドの幅を「Full-Width」か「Inner」から選択します。Full-Widthはテーマのデザインからはみ出し、画面ギリギリにフィールドが表示されてしまうこともあるため、**基本的にはInnerを選択しましょう。**

「Enabled Fields」にはネットショップに表示しているフィールド、「Disabled Fields」には非表示にしているフィールドが並びます。表示と非表示を切替えるときはフィールド名の右のボタンをクリックしてください。

商品詳細ページをプレビューして、追加したフィールドが表示されていることを確認しましょう（画面10）。

▼画面10　Custom Fieldsで作成したフィールドが商品詳細ページに表示されている

　フィールドのデザインを調整したい場合はコードを編集します。
　コードの編集は「Configure Fields」を選択してフィールドにカーソルを当てると表示される「</>」をクリックします（画面11）。

▼画面11　Configure Fields

テーマを選択し、コードを編集します（画面12）。

▼画面12　テーマを選択し、コードを編集する

「Theming Info」をクリックすると、フィールドのコードに関する情報が表示されます
（画面13）。

▼画面13　Theming Info

「Render template」に書いてあるコードをSectionsの中にある「product-template.
liquid」に挿入するとフィールドが表示されます。

　また、「Template」でファイル名を確認できます。このファイルはSnippetsの中に格
納されています。

6

355

6-8

商品などの基本データを 一括で入力 ・ 出力しよう ～Matrixify(旧Excelify)

Shopify では CSV データで商品や顧客の情報のインポート / エクスポート一括で操作するためのアプリ「Matrixify」について解説します。Shopify の基本機能でもデータのインポート / エクスポートはできますが、より細かい項目の調整やインポートのスケジューリングができるので、データの入力や移行の作業を円滑に進めることができます。「Matrixify (旧 Excelify)」は、アプリストアの説明文によると、「無料プランあり。」と説明されています。利用する前に確認しましょう。

* Excelify は執筆時に Matrixify という名称に変更されました。画面は Excelify の画面になります。

アプリをインストールしよう

Matrixifyをインストールする際には「アプリを追加する」をクリックしたあと開発会社(ITissible)の利用規約とプライバシーポリシー、 クッキーポリシーに同意する必要があります(画面1)。

▼画面1　利用規約とプライバシーポリシー、クッキーポリシーに同意しアプリを追加

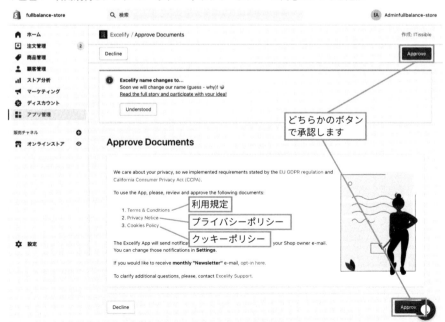

データのエクスポート

「New Export」ボタンをクリックすると、エクスポートの設定画面が開きます（画面2）。

▼画面2　エクスポートする

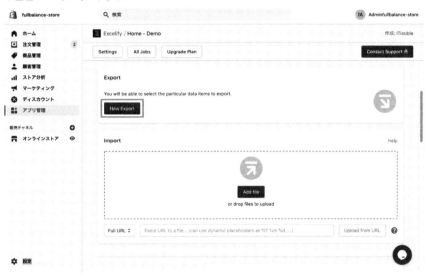

　まずはエクスポート形式のフォーマットを選択します（画面3）。
　Shopifyのデータを一括編集、あるいは他のShopifyのネットショップにデータを移行する場合には「Excelify: Excel」か「Excelify: CSV」を選択してください。

▼画面3　フォーマットを選択

エクスポートしたいデータにチェックを入れて選択します（画面4）。

複数のデータを一括でエクスポートできますが、すべてのデータをエクスポートしようとすると時間がかかります。**必要な項目のみにチェックを入れることで効率的にエクスポートしましょう。**

▼画面4　エクスポートするデータを選択

「Advanced」のタブをクリックすると、エクスポートするデータの列を調整できます（画面5）。「Add ¦ Remove」ボタンからエクスポートする項目を選択します。

▼画面5　エクスポートするデータを選択（Advanced）

「Options」ではエクスポートするスケジュールや、定期的な自動エクスポートの指定ができます（画面6）。

ファイル名に統一性を持たせたり、ファイルのアップロード先を指定したりもできるので、定期的に在庫をチェックしたいときなどに便利です。

6

設定したら「Export」ボタンをクリックしてデータをエクスポートしましょう（画面7）。

▼画面7　「Export」ボタンをクリックしてエクスポート

🛒 データのインポート

　データをインポートする場合は「Import」の「Add File」ボタンをクリックしてパソコンからファイルを選択するか、ファイルをドラッグ＆ドロップ、もしくはファイルのあるURLを入力することでファイルをアップロードします（画面8）。

▼画面8　ファイルをアップロード

　データをインポートする際も、必要な項目だけをインポートできます。

　MatrixifyではID、Handle又はVariant SKUで商品が判別されます。

　Command列で「NEW」、「UPDATE」、「REPLACE」、又は「DELETE」のコマンドが使えます。コマンドの指定がないときは「UPDATE」として扱われます。

　また、シートの名前の設定によってインポートする対象を指定できます。

　たとえば、商品情報であれば「products」、固定ページの情報であれば「pages」という単語を含めます。

　シート名についてはこちらを参照してください。

https://excelify.io/documentation/excelify-format-template

　「Option」ではインポートするスケジュールや、定期的な自動インポートの指定ができます（画面9）。

　インポート結果のファイルをアップロードする場所をURLでも指定できます。

▼画面9　インポートのOptionsの設定

　その他、Optionsで設定できることは以下のようになります。

Ignore ID

　商品に割り振られたIDを無視します。他のネットショップからのデータ移行の場合はIDを無視することでインポート時間が短くなりますが、同じネットショップのデータをインポートする場合にはIDで商品を判別するので、チェックを外してください。

Generate Redirects if changing Handles

　ハンドルを変更した場合、古いURLから新しいURLにリダイレクトできるようになります。

Transliterate Handles to English alphabet

　ハンドルが日本語になっていた場合はアルファベットに変換します。

Continue importing the next day if Shopify daily Variant import limit is reached

　Shopifyのバリアントのインポート制限に引っかかった場合、翌日にインポートを再開します。

Remove images from Body HTML

　Body HTMLから画像を削除します。

設定したら「Import」ボタンをクリックしてデータをエクスポートしましょう（画面10）。

▼画面10　「Import」ボタンをクリックしてエクスポート

書類を作成・印刷しよう ～Order Printer

> 「Order Printer」は、明細書や領収書、請求書といった配送の際に必要になる書類を作成・印刷できるアプリです。

テンプレートを編集しよう

アプリストアからOrder Printerをインストールすると、Order Printerを利用できるようになります。

まずはネットショップで使う書類のテンプレートを編集しましょう。

「Manage templates」ボタンをクリックします（画面1）。

▼画面1 「Manage templates」ボタンをクリック

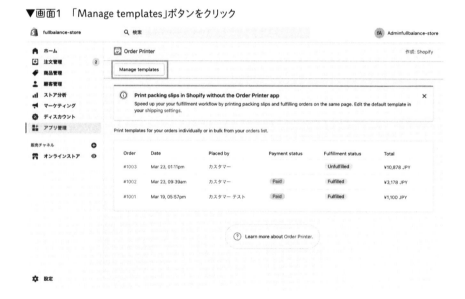

Order Printerにはデフォルトで「Invoice（領収書）」と「Packing slip（明細書）」のテンプレートが入っています。

編集したいテンプレートの名前をクリックするとそのテンプレートを編集できます（画

面2)。

　なお、「Duplicate Template」ボタンをクリックするとテンプレートを複製して編集できます。「Delete」ボタンをクリックすると、そのテンプレートを削除します。

▼画面2　編集したいテンプレートの名前をクリック

　テンプレートを編集する画面が表示されます（画面3）。

　「Name」はテンプレートの名前です。扱いやすいように日本語にしておいてもいいでしょう。

　「Code」でHTML、CSS、Liquidのコードを利用して書類のテンプレートを編集しましょう。

▼画面3　テンプレート編集画面

「Save」をクリックして保存します。

新しいテンプレートを追加しよう

「Manage templates」ボタンをクリックしたあとの画面で、「Add template」ボタンをクリックすると新しいテンプレートを追加できます（画面4）。

▼画面4　新しいテンプレートを追加する

既存のテンプレートを編集するときと同様に、「Name」にテンプレートの名前を入力し、「Code」でHTML、CSS、Liquidのコードを使って書類のテンプレートを作成します。

実際に印刷をしてみよう

注文管理画面で書類を印刷したい注文番号をクリックします。
「その他の操作」から「Print with Order Printer」を選択してください（画面5）。

▼画面5 「Print with Order Printer」を選択

「Templates」で印刷する書類の名前にチェックを入れ、「Print」ボタンをクリックすれば指定した書類を印刷できます（画面6）。

▼画面6 書類を印刷する

Order Printer Pro

　書類のPDFデータを作成し、お客様にリンクを送信してPDFをダウンロードしてもらえます。

　明細書や請求書をPDFデータに残したい場合にはOrder Printer Proが便利です。

　ちなみに、Order PrinterはShopifyから提供されているアプリですが、Order Printer Proは別の会社が作成したものです。

アプリストアはこちら

```
https://apps.shopify.com/order-printer-pro?locale=ja
```

▼画面　Order Printer Pro

索 引

著者紹介

角間　実（かくま　みのる）

株式会社フルバランス代表取締役

Shopify 公認エキスパート

滋賀県出身。慶應義塾大学大学院メディアデザイン研究科卒（メディアデザイン学修士）。20 代より、IoT の先駆けとなったセンサー技術を活用したインタラクティブなコミュニケーション技法を提唱。
現在の FinTech の予兆を捉えた金融システムサービスや、OS 向けドライバー開発などの技術開発に携わるなど、インターネットの黎明期から頭角を現す。2002 年、公共放送系のテレビ制作会社にて最高技術責任者に就任。同社にて、デジタル放送コンテンツ、テレビ番組連動型コミュニティサイト、大手飲食店チェーンのシステム開発やサーバー設計に携わった。現在は自社にてシステムインテグレーション事業を拡大。EC サイト構築ほかE コマース事業を推進するとともに、早稲田大学政治経済学術院招聘研究員を兼務。データサイエンティストとしてソーシャルメディアから得られるビッグデータ解析をもとに社会動向を分析する研究に参画。次世代 EC を推進する D2C 企業へのサポート業務として中小企業から大手企業まで、幅広くコンサルティングなどに尽力。Shopify エキスパートとして、各種講演、ネットストアの企画・制作事業、Shopify 独自・公式アプリ開発を進めている。日本ルエダ協会理事。

カバーデザイン
mammoth.

Shopifyではじめるネットショップ
（ショッピファイ）

発行日	2021年　6月21日		第1版第1刷
著　者	角間　実（かくま　みのる）		

発行者　斉藤　和邦

発行所　株式会社　秀和システム
　　　　〒135-0016
　　　　東京都江東区東陽2-4-2　新宮ビル2F
　　　　Tel 03-6264-3105（販売）　　Fax 03-6264-3094

印刷所　日経印刷株式会社　　　　　　　Printed in Japan

ISBN978-4-7980-6385-0 C3055